事故調査のための口述聴取法

仲村 彰 著

KAIBUNDO

目　次

はじめに

第 1 章　口述聴取とその重要性
1.1　口述聴取とは 8
1.2　口述聴取の重要性 8
1.3　口述聴取法の重要性 9

第 2 章　口述聴取に影響を与える要因
2.1　導入 12
2.2　聴取対象者の要因 13
2.3　調査員の要因 26
2.4　まとめ 28
練習問題 30

第 3 章　口述聴取法
3.1　導入 34
3.2　聴取開始時から着意すべき事項 35
3.3　ラポール（相互信頼感）の形成 37
3.4　記憶の喚起法 47
3.5　イメージ的な記憶 53
3.6　イメージに関する質問 54
3.7　その他の記憶喚起法 55
3.8　その他の口述聴取の技術 57
3.9　聴取中に注意すべき事項 62
3.10　してはいけない質問 65
3.11　聴取終了時 69
3.12　本当でない口述 71
3.13　子供に対する口述聴取 73
3.14　まとめ 76
練習問題 79

第 4 章　口述聴取の管理
- 4.1　導入 82
- 4.2　聴取前の準備 83
- 4.3　速やかな分離 84
- 4.4　聴取の時期 85
- 4.5　聴取対象者の状態 86
- 4.6　調査員の人数 87
- 4.7　複数回の口述聴取 87
- 4.8　聴取する調査員の選出 88
- 4.9　聴取対象者の人数 89
- 4.10　聴取場所 89
- 4.11　口述聴取の部屋 90
- 4.12　聴取対象者に会うまでの情報収集 91
- 4.13　服装 91
- 4.14　座る位置 92
- 4.15　対人距離 92
- 4.16　質問内容のリスト化 93
- 4.17　聴取時間 93
- 4.18　多くの目撃者 94
- 4.19　第三者の参加 95
- 4.20　電話での口述聴取 95
- 4.21　テープ起こし 95
- 4.22　まとめ 97
- 練習問題 98

第 5 章　口述内容に対する考え方
- 5.1　導入 102
- 5.2　事故調査における口述聴取内容の位置づけ 102
- 5.3　確信度 104
- 5.4　まとめ 104
- 練習問題 106

資料：口述聴取の流れ 109
参考文献 119
索引 121

はじめに

　新聞やニュースで目にするとおり，航空，船舶，鉄道，医療など，さまざまな分野で，事故はしばしば発生している。それらの事故を調査するために何をしたらよいかと問われたならば，事故調査とまったく縁のない人でも，事故の当事者や目撃者に面接をし，情報収集することを思いつくであろう。

　このような面接による事故に関する情報収集，すなわち口述聴取は基本的な事故調査方法の一つであり，実際，世界中の事故調査の専門機関では，どんなに物理的な記録（航空機のFDR（Flight Data Recorder：操作や計器の数値の記録をする，いわゆるブラックボックス）など）の技術が進んでも，口述聴取を行っている。

　口述聴取は，基本的な調査方法ではあるが，単に事故の関係者から話を聞くというだけでなく，技術が必要で，適切な技術を用いるかどうかで数十％も情報量が変化する。一方，事故調査における情報源は，残骸やレーダー，FDRなど，さまざまなものがあるためか，事故調査方法に関する資料に口述聴取を中心に説明しているものはない。

　そこで，口述聴取について，理論から，実際にどのように行うべきかという実践まで，体系的に述べたのが本書である。

　本書で述べる口述聴取の位置づけは，同種事故の防止のために行われる安全目的の事故調査に用いるものであり，事故の当事者などの責任を追及するためのものではない。そのため，自供させる技法ではなく，聴取対象者の持つ記憶からできるだけ正確かつ多くの情報を引き出すための技法を説明する。そ

して，その技法の心理学的根拠となるのが認知面接（Cognitive Interview）である。

認知面接の歴史について簡単に説明すると，1980年代に，記憶の特性を踏まえ，事件の目撃者から情報を引き出すための捜査面接として，FisherとGeiselmanにより開発された。

当初の認知面接は，「自由報告（悉皆報告）」「イメージによる状況の再現（文脈再現）」「さまざまな時間順序の再生」「視点の変更」の4つの教示のセットから構成されていた。

このオリジナルの認知面接は，記憶の観点から開発されたが，開発者らは捜査官と被面接者の社会的関係が情報量に影響することに気づいた。そこで，対人コミュニケーションの手法を組み込んだものが強化認知面接（Enhanced Cognitive Interview）である。

強化認知面接は，学術的に検証されたものではあったが，近年の研究では，「さまざまな時間順序の再生」と「視点変更」については必ずしも効果的ではないという結果が得られていること，また実場面を考えると時間がかかるという問題点があることから，これらの教示を省略した修正版認知面接（Modified Cognitive Interview）が提唱されている。

そして，本書についても修正版認知面接を事故調査における口述聴取法として適用している。

本書の対象範囲

本書は口述聴取をどのようにして行うのかについて述べるものではあるが，何を質問するかについて細かくは述べていない。当然ではあるが，分野，職種によって聞く内容が異なるからである。そのため本書は，自分の業務には精通しており，どのような問題によって事故が発生することがあるのかはある程度認識しているものの，口述聴取についての知識は持っていない人を対象として

いる。

　また，事例などは，著者の専門である航空分野の例を用いて説明していることが多いが，本書は航空事故調査のみではなく，事故調査一般に当てはまる。実際，認知面接は，記憶から情報を引き出すという意味では，とくに分野にかかわらないことから，アメリカの調査機関であり，船舶や鉄道事故も扱うNTSB（National Transportation Safety Board：国家運輸安全委員会）においても教育されている。

　読者は自分の分野に当てはめて，口述聴取を実施してもらいたい。

本書の特徴

　本書は理論から実践までを網羅的に記述しており，何をするのかだけでなく，口述聴取における注意点や管理面などについて，なぜそうするのかまで理解できるようにしている。

　そして，本書は教材として構成されており，学習目標や練習問題が提示されている。練習問題は，読者によっては面倒と思われるかもしれない。しかし，実際の口述聴取では，本書を見ながら実践することはできないので，極力練習問題に取り組み，自分で考え，理解を深めることを推奨する。

　また，採用の面接などと同様で，読めばいきなり実践できるというものではないので，十分に練習した上で，実際の事故調査に臨んでもらいたい。

　最後に，本書を執筆するに当たって，最初のきっかけを与えていただいた柳澤浩幸氏，出版の機会を与えていただいた吉廣敏幸氏，そして出版に理解をいただいた海文堂出版および同社編集部の岩本登志雄氏に厚くお礼申し上げます。

第❶章
口述聴取とその重要性

学習目標

⇨ 口述聴取の重要性について説明できる

1.1 口述聴取とは

　事故調査において，安全担当者などの事故調査担当者（以下，調査員）は事故に関係した人々から話を聞き，事故に関する情報収集を行う。このような面接を本書では，口述聴取と呼ぶこととする。

　口述聴取という言葉と類似したものとして，供述聴取，証言といった言葉があるが，これらは事件の捜査など，司法に関する場面で用いられるものである。そこで，ここではそれと区別するため，中立的に「相手が話すことを聞きとる」という意味の「口述聴取」という言葉を用いる。

1.2 口述聴取の重要性

　誰もが常識的に，人間の記憶は物理的な記録に比べて信頼性が低いことは知っているので，人によっては「口述なんて当てにならない」と思うかもしれない。

　実際，航空機にはFDRのような記録装置が搭載されており，また，レーダーの記録などもあり，人間の記憶よりはるかに正確かつ細かく計器の値などを記録することができる。車両についても，現在ではドライブレコーダーが搭載されている。しかしながら，すべての航空機や車両などにそれらが搭載されているわけではない。また，搭載されていても墜落や衝突の衝撃により破損していたりすることがある。さらに，記録装置にあらゆるパラメータがあるわけではないので，これらが搭載されていたとしても，わからない操作もある。ドライブレコーダーでも車内の様子はよくわからない。それを補うには口述しかデータがなく，口述からいかに事故発生プロセスを引き出すかが事故調査において極めて重要となる。整備士など，事故発生時に操縦や操作をしていない人々に対する調査では，そもそも記録装置はないので，口述聴取の重要性については

いうまでもない。

　さらに，操作や機体などの動きといった物理的な現象については，先述のとおり情報源が残っている場合もあるが，「なぜそのようなことをしたのか」という操縦者などの内面についての情報は，どんなに記録技術が発達したとしても口述からしか得られない。しかも，どの分野でも事故の6～8割にヒューマンエラーが関与しているといわれており，事故調査の際に行動の背景となる「なぜ」を求められる可能性は非常に高い。

　このように，操縦者などが何をしたのか，さらになぜそのような行動がなされたのかを調査するために，口述聴取は重要な役割を果たす。

1.3　口述聴取法の重要性

　口述聴取そのものは，聴取対象者が話すことを調査員が聞くという作業であるが，単に事故にかかわった人を集め，「何があったか話してください」と質問すればよいものではない。たとえば，2人の聴取対象者がいたとして，まず先輩である片方が代表して調査員の質問に答えたとする。その後，もう片方である後輩に質問がなされたとして，先輩が言ったこととは異なる内容を述べられるだろうか？

　人によっては述べられるかもしれないが，言いづらくて先輩に同調する人も多いだろう。しかし，一人ずつ分けて聞けば，このようなことは避けられる可能性が高まる。このように，口述聴取をどのように行うかということが情報収集に影響する。

　また，形だけでなく，どのように質問するかということも重要である。その例として，有名な実験を紹介する。

　実験者は，実験参加者に交通事故の映画を見せてから，2つのグループに分け，それぞれに次のような別の質問をした。

① 自動車が激突したとき，どのくらいのスピードで走っていましたか？
② 自動車がぶつかったとき，どのくらいのスピードで走っていましたか？

一見，同じような質問に思えるが，①の質問をされたグループの回答のほうが，②のグループよりもスピードが大きかった。

さらに，1週間後，両方のグループに対して，ガラスが割れたか聞いたところ，①のグループのほうが割れたと答えた人が多かった。

この結果は，「激突した」という言葉のイメージ（図1-a）のほうが「ぶつかった」という言葉のイメージ（図1-b）よりも激しい感じがするため，スピードが大きくなったり，ガラスが割れたという推論がなされたことによるものと考えられる。

 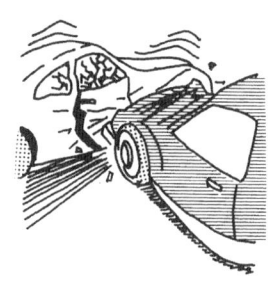

a.「激突」のイメージ　　　b.「ぶつかった」のイメージ

図1　「激突」と「ぶつかった」のイメージ（重野編『キーワードコレクション 心理学』[11]より）

このように，同じような質問でも，表現が違うだけで記憶が変容するので，適切な口述聴取法を用い，記憶から実際の出来事を引き出すことが必要である。

第❷章
口述聴取に影響を与える要因

---学習目標---
⇨ 口述聴取に影響する要因について説明できる

2.1 導入

【場面1】
調査員「そのとき，操縦桿をどういうふうに動かしたんですか？」
当事者「多分，普通に，こう引いたと思うんですが，一つ一つの操作については細かくは覚えていません」

【場面2】
調査員「そのとき，操縦桿をどういうふうに動かしたんですか？」
当事者「ああ，あのときですね，こうやって少しずつ引っ張ったんです。そうしたら途中で，機長にガッと引っ張られました」

　場面1と2で，調査員は同じ質問をしているが，当事者は覚えている場合と覚えていない場合がある。なぜかと問われたとき，場面2の当事者は，操作を替わられるという通常とは異なるイベントがあったからと答えるかもしれない。だとすると，なぜ通常とは異なる場合であれば覚えているのだろうか？
　このように，口述に影響を与える要因を認識しておくことは，なぜそんなことを言ったのか，なぜ他のデータと違うのかといったことを解釈するために役立つ。また，後に紹介する，口述聴取法などをなぜそうするのか理解するのにも有用である。そのため，本章では，どのような要因が口述聴取に影響を与えるかについて説明する。
　口述聴取は人間を相手にした作業なので，以下の内容は人間の特徴について述べたものが多い。人間の記憶の特徴や，年齢や職業の影響について述べている。よって，人間の特徴にどういうものがあるのか理解する上でも役立つ。

2.2 聴取対象者の要因

2.2.1 聴取対象者の種類

聴取対象者の事故との関与の仕方に応じ，本書のなかでは以下のように聴取対象者を分類する．

- 当事者

  事故機機長，運転士，オペレーターなど，事故に直接的にかかわった人を指す．機長など以外でも該当することがあり，たとえば，管制官のヒューマンエラーによる事故が発生すれば，その場合，管制官は直接的に事故に関与していることから当事者といえる．どこまでを直接的とするかについては明確な基準はなく，調査員の判断により決定する．

- 関係者

  当事者以外で，事故機などの運用にかかわっていた人々や，当事者とかかわりが深い人々のうち，調査員が聴取の必要があると考えた人を指す．

- 目撃者

  偶然に事故機などを目撃していた人を指す．組織内の人である場合もあれば，部外者である場合もある．部外者の目撃者の情報については，警察が把握していることもある．

2.2.2 記憶

人間には，さまざまな情報が五感を通じて入ってくるが，すべての情報を覚えているわけではない．たとえば，通勤途中で誰と会ったか，何人とすれ違ったか，その人々はどんな服を着ていたか，何を話していたかなどについて，あなたは答えられるだろうか？ 実際には，よほど特徴的な情報でなければ，まっ

たくといっていいほど覚えていないという人がほとんどだろう。その一方，小学校の頃の出来事をずっと覚えていることもある。このように人間の記憶には，よく覚えていることと，覚えていないことについて，大きな差が見られる。

　記憶とは過去の経験を保持し，後に再現して利用する機能である。人間の記憶は，覚える段階（記銘），覚えていることを保持する段階（保持），思い出す段階（想起）に分けられ，それぞれの段階で記憶は心理的側面と物理的側面から影響を受ける。以下に，記憶に影響を与える要因を各段階に分けて説明する。

(1) 記銘
　① 注意

　　　人は注意を向けたもの，つまり気になったものは比較的よく覚えている。

　　　いつもと異なっていたり，大きな音が鳴っていたりなど，変わった出来事が発生していると感じたことについてはよく覚えている。たとえば通勤途中で，事故を起こした車を警察が調査しているのを目撃した場合，それについては覚えているが，普段と変わらない大部分についてはよく覚えていないだろう。この意味で，警報灯，警報音や火災は比較的覚えやすいといえる。

　　　経験や知識に応じて気になることもある。かつての失敗の経験から，とくに気をつけている操作があれば，そのことは記銘されやすい。また，最近故障が多いと聞いている部分にかかわる計器などは注意しがちである。このような場合，その計器などに関することは覚えている可能性が高い。

　　　興味があるもの，目立つものについても注意を向けがちである。これらについても覚えている可能性は高い。

　② ストレス水準

恐怖を感じているなど，大きなストレスがかかっている場合，記銘できる全体の量は減少する。

しかしながら，ストレスがかかっているからといって全体的におぼろげというわけではなく，ストレスがかかる原因については注意が向き，よく覚えている。総合的に見れば覚えている事柄は少ないが，ピンポイントでよく覚えているということである。たとえば，航空機の機内などで火災が発生した場合，その炎の様子についてはよく覚えているが，外の状況，無線による音声など，周辺的なものは覚えていないというようなことである。

③ 観察時間

見聞きした時間が長いほうがよく覚えている。もちろん，どれだけ注意して見聞きするかにもよるが，一瞬ちらっと見た物事より，しばらく眺めていたもののほうが記銘されやすい。

また，同じように見る場合でも，何度も見ていれば，より正確に覚えている。

④ 関与

出来事との関与が大きいほどよく覚えている傾向が強い。

同じ地上から事故機を見ている人でも，部外者の偶然に眺めていた人と管制官とでは関与度が異なる。また，同じ部外者の目撃者でも，遠くのほうで落ちていく航空機を見る人と，自分のほうに向かって落ちてくる航空機を見る人とでは，出来事とのかかわりの深さが変わる。いずれの例でも後者のほうが出来事との関与度が強いので，よく覚えている可能性が高い。

⑤ 期待・経験

人間の知覚能力には限界があり，見聞きしたことを見聞きしたとおり記銘するのではなく，知覚したこととこれまで持っている知識を組み合

わせることによって，出来事を解釈する傾向がある。つまり，「さっき○○だったから，いま起こっている現象は□□であるはずだ」などと，経験にもとづく推測や期待というフィルターを通した上で，自分にとってもっともらしい出来事をもって，見聞きした出来事と解釈するのである。その際，実際には見ていなくても，あたかも見たかのように補完された上で記憶される。たとえば，「問題ないはず」と思いながら計器の点検を実施すると，手順どおり点検を実施し，異常があり，目には映っていたとしても，覚えていないことがある。

この現象は，知覚された情報が十分でないときに状況を解釈するために発達したものと考えられており，もともとは便利なものである。しかし，人により期待などは多少異なり，その上めずらしい出来事や情報が少ない状況で出来事などが発生すれば，解釈の部分が多くなることがある。その結果，実際と違う記憶がつくられる可能性が高くなる。

⑥ 情報の種類

人間は物理的な量を記憶することが苦手である。高度や速度，時間，距離などについての記憶はあいまいになりがちである。

ここでいう物理的な量とは，「あのとき，高度計を見た覚えがあるんですが，数値はいくらだったかなあ……」という計器の数値についてではなく，窓から見た高さなど，感覚的なもののことである。

また，これは，ある出来事が発生したときの航空機の高度や速度，時間についてだけでなく，自機と他機との高度差，速度差，距離，ある出来事の発生から次の出来事の発生までの時間など，相対的な関係についての物理的な量にも当てはまる。

⑦ 聴取対象者の当時の状態

 a. 環境的な状態

明るさにより出来事の記憶は影響を受ける。明るい場所，つまり

昼間や照明がある場所のほうが，暗い場所よりもよく覚えている。薄暗い場合，明るいところほどよく覚えていないが，暗いところよりは覚えている可能性が高い。簡単にいうと，明るくなるにつれ，記憶の正確さが増すということである。これには，明るいと情報量が増すこと，また，色の識別がしやすいことが影響している。

　b. 聴取対象者自身の状態

　　　体調も記憶に影響する。出来事が発生した際に，聴取対象者が飲酒で酔っていた場合，細部についての記憶はあまり覚えていない傾向にある。

(2) 保持

　① 忘却

　　記憶したことを思い出せないことを忘却という。思い出せないこととは，まったく情報が頭から消えてしまっている場合と，情報は消えてはいないものの，思い出そうとしても思い出せないものの両方を含む。

　　忘却は，まったく情報が消えてしまう場合よりも，思い出そうとしても思い出せないことのほうが多いといわれている。また，思い出せる量は，出来事の発生後，時間が経つほど減少する。

　　図2は，時間と思い出した量の関係を示したもので，忘却は出来事の発生直後が最も急激で，2時間程度すると変化が小さくなっていることがわかる。

　　また，忘却はいつの間にか発生し，しだいに自然消滅的に思い出せなくなると思われるかもしれないが，研究によれば，忘却はある記憶内容が他の記憶内容と干渉するために発生するといわれている。つまり，覚えていることがあって，その後いろいろな情報が入ってくると，頭のなかで情報が入り交じり，うまく思い出せなくなるということである。人

間は何らかのことを記憶しても，生きている限り，覚えたこととは関係のない情報が目や耳から入ってくるので，いつの間にか思い出せなくなっているのである。

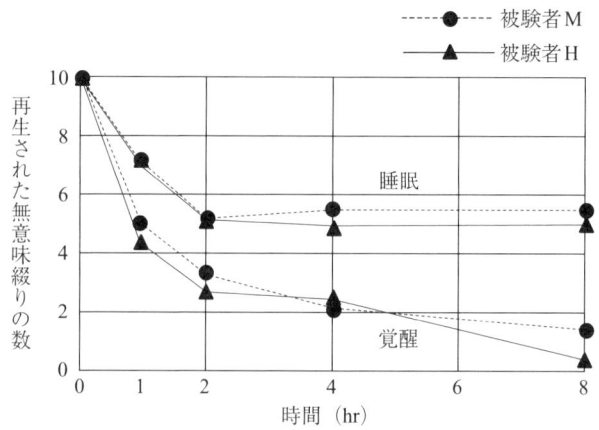

図2　時間の経過に伴う覚醒時と睡眠時の再生量の変化
（Jenkins & Dallenback[2]を基に作成）

　図2は起きていた場合と寝た場合の思い出した量の違いについても示しており，内容を覚えた後，寝ていたほうがその後の再生率が良いことがわかる。要するに，寝ていた場合は，目や耳から情報が入って来ず，情報が入り交じることなくそのまま残っているので，よく覚えているということである。

② 記憶の変容

　記憶は忘却によりまったく思い出せないこともあるが，断片的には思い出せることが多い。人間は筋が通るように出来事を解釈する傾向があるので，筋が通っていない場合は，その断片的な記憶で筋が通るように記憶が再構築される。これにより，いつの間にか記憶した内容が変わっ

ていることがある。

　また，エピソードを語るのに「いつ，どこで，誰が，何をした」かが求められるが，そのなかで「何」という主たる内容は比較的残りやすく，「いつ」を筆頭にその他の情報は忘れやすい。クイズ番組でも「年代順に並べ替えろ」という問題が出されるが，当時は非常に話題になった世界的なニュースでも，数年経つと出来事の内容は覚えていても，何年前のことかといわれるとよく覚えていないものである。

　このため，出来事の順序や誰がしたかなどが，いつの間にか変容していることがある。

③ 事後情報による変容

　記憶の変容が自然と発生することについては述べたが，事故後に周囲から得た情報の影響を受けて，自分が元々持っていた記憶の内容がいつの間にか変容してしまうことがある。それにより，「なかった」ことを「あった」と，実際と異なることを言う場合がある。

　事件の目撃証言の分野では，目撃者が，事件を目撃した後，その事件の内容について新聞で読んだり，ニュースで見たりすると，元々は見ていなくてもその内容が頭に刷り込まれ，その内容を見聞きしたような気になることが知られている。

　結果として，変容した記憶にもとづいて，あいまいそうに「見たような気がします」と言う場合もあれば，実際と違っているにもかかわらず，確信をもって「見ました！」と言うこともある。

　航空事故に関していうと，同じ航空機に搭乗していた当事者同士が話し合うことにより，事故に対する別の人の認識がいつの間にか自分の記憶となることもある。たとえば，「右に回ったときだから，高度は15,000フィートぐらいだったよな」と機長に言われ，当初は「よく覚えていないが，そうだった気もする」とおぼろげに感じていたのが，しば

らく時間が経つと「15,000フィートで右旋回したところでだった」とはっきりと考えるようになるというようなことである。

(3) 想起
① 推論
　　1.2節「口述聴取の重要性」で挙げた，車が「激突した」「ぶつかった」という質問の表現によって得られた答えが異なった例のように，質問の仕方が聴取対象者の推論を生み出し，思い出す際に記憶を変容させることがある。つまり，「『激突した』と聞くぐらいだから，結構激しかったんだろう。ガラスは割れていた気がするな」というように考え，「ガラスは割れていました」と答えるということである。

② 先入観
　　実際はどうだったかにかかわらず，自分の持っている先入観に合わせて，物事が思い出されることもある。たとえば，金髪の外人を見かけたとして，目の色を聞かれると，よく覚えておらず，実際のところは緑でも，典型的な目の色である「青でした」と答えるようなものを指す。火災の場合でも，炎の色について，一般的な炎の色が赤いことから，実際には昼間で明るくてよく見えなかったとしても，「赤い炎が出ていました」と答えることがある。

③ スクリプト
　　スクリプトとは，ある特定の場面で何をするかという一連の知識の固まりのようなものである。たとえば，スーパーに行ったときに，カートを取り，カゴを載せるなどがこれに当てはまり，「品物をいくつも手で持つのは不便だから何か入れ物がほしい。あのカゴが便利だからカゴを持っていこう」などとわざわざ考えることなく，いつの間にかこれらの作業を行っている。

このようなスクリプトがある場合，つまりある程度，何をするか決まっている場合，人間はそれに合わせて物事を思い出す傾向がある。そのため，スクリプトと合っていない場合，間違えやすくなる。

　スーパーの例を用いると，たまたま買うものが少なく，カートを使わなかった場合でも，後で聞かれると，スクリプトにもとづき，「カートを使った」と答えるということである。

　航空機などの操縦でも，慣れた作業において，省略してしまった手順でも「やった」と口述することがある。

④ 感情状態

　興奮，不安，緊張，恐怖など強い感情状態にあるとき，人は物事を思い出せないようになる。試験を受けるときに緊張し，「いつもはできるような問題ができなかった」，試験が終わってから「なんでこれがわからなかったんだ」ということは珍しくない。このように強い感情状態にあると物事を思い出しにくくなる。

　通常，人間は何の理由もなく強い感情を持つのではなく，何らかの気がかりな対象がある。先ほどの試験の例でいえば，「試験に落ちたらどうしよう」などと考えて不安に思うことが挙げられる。それが気になって，必要なはずの「思い出す」という行為に集中できないのである。このように，強い感情状態にあるとき，人間は感情を処理した上で「思い出す」という作業をしなければならないので，思い出すことが困難となる。

⑤ 文脈効果

　出来事が発生した場所を訪れるなど，覚えたときと同じ状況を再現することにより，それまで忘れていた事柄が思い出されることがある。これを文脈効果という。たとえば，公園で見かけた出来事について質問した際，部屋のなかでは思い出せなかったが，公園にもう一度行ってみる

と思い出したということがこれに当たる。

　日常的にも，あるきっかけによって物事を思い出すことはよくあるが，この文脈効果は，状況そのものが手がかりとなって，「ああ，そういえばあそこに……」などと思い出すことである。

2.2.3　特徴

(1) 職業

　聴取対象者は，組織内の人だけでなく，部外者の目撃者であることもある。

　一般的に，警察官や消防士などは事故や事件の現場によく遭遇すること，また社会的に信用できそうであることから，なんとなく会社員や学生よりも口述の信頼性が高いように感じるかもしれない。しかしながら，研究結果によれば，これらの職業の人々が仕事柄，事故の状況を特別よく覚えているということはなく，それどころか大学生のほうがよく覚えていたという場合もあるので，他の職業の人々と区別してはならない。

　ただし，たとえば航空会社の社員など，比較的航空機について知識がある人の場合，航空機の表現がより的確になる。その場合，「垂直尾翼の後ろくらいから煙が出ているように見えました」といったように，より詳細な情報を得ることができる。

　また，社員ほどではなくとも，空港の近くに住む人々は航空機を見る機会が多いので，「いつもより低いところを飛んでいました」など，日頃との違いについての情報を聞くことができる。

(2) 年齢

　10歳前後までは，言語能力が低く，覚えていたとしてもあまりうまく表現できない。たとえば，子供に見た映画について感想を聞くと，どこがどうであっ

たかという内容の説明をすることなしに「面白かった」とだけ返事することがよくある。

さらに，幼稚園児くらいまでは実際にあったことと空想したことを区別できていない場合もあり，実際には見ていないことを「見たよ」などということがある。そのため，詳しくは後述するが，就学前の子供を聴取する際には，質問の方法などに注意が必要である。

それ以降の10代は信頼性が高い。20代以降になると，徐々に常識を身につけ，自分なりの解釈をし，それに合うように記憶が変容するようになるが，10代の人々は考えが柔軟であるため，自分なりの出来事の解釈をして記憶するということがあまりない。年齢の観点からすれば，目撃者として最も信頼性が高いといえる。

高齢の目撃者については信頼性が低下することがある。目や耳が悪くなっているため，見間違い，聞き間違いが多くなる。記憶力も低下している。また，年をとると一度に複数の出来事に注目できなくなるため，いくつかの出来事が同時に発生した場合，処理できていない，つまり出来事の発生に気づいていないことがあるので注意する必要がある。

(3) 性別

基本的に，性別により口述の信頼性が変わることはない。しかしながら，性別により興味の対象が異なることはあるので，それにより違いが出ることはある。一般的な例をあげると，女性のほうが男性に比べて服装やアクセサリーについてよく覚えている。同じように，男性のほうが航空機や列車などを見ることに興味があるとすれば，それらについては男性のほうがよく覚えている可能性が高いといえる。

このように，性別は聴取対象者の興味の目安程度にしかならないので，性別のみで判断するのではなく，「飛行機はよく見るほうですか？」などと，直接，

興味について質問したほうが信頼性についての参考となる．

(4) 知能

　知能により出来事の説明に大きく差が出るかについては，学術的には明らかになっていない．そのため，学歴などで口述の信頼性について区別しないようにする．

(5) 性格・態度

　プライドが高い人は「わからない」とはあまり言いたくないとか，ひねくれている人は本当のことを言わないなどと考えるかもしれない．しかしながら，とくに性格が口述に大きく影響するという明確な根拠はないので，既知の人が聴取対象者である場合などに，調査員は「あいつはいいかげんだからな」などと先入観を持たないようにする．

2.2.4　知覚

　見聞きした情報は必ずしも物理的に正しいとは限らない．人間は目や耳などの感覚器に入ってきた情報について頭のなかで推論し，事物を認識するためである．たとえば，航空機が夜間，海上の船の光を星と間違え，背面飛行するという例があるが，これは黒い背景に光が見えると，それは星であると頭のなかで解釈しているのである．誤解された情報は，本人としては間違いと思っていないので，記憶もそれに依存したものとなる．

　また，異常事態など衝撃的な状況を見ている場合，視野が狭くなり，出来事の中心的な部分以外はぼやけて見えるようになる．その場合，周辺的な情報の信頼性は低下する．衝撃的な状況は視覚だけでなく，時間感覚にも影響を与える．衝撃的な体験をしている際は，時間の経過を遅く感じるようになること

がある。このような場合，結果として時間が実際よりも長く評価されがちである。

そして，主に目撃者に関係することであるが，基本的に人間は知覚された順序が出来事の順序と考えることから，光と音の順序には注意する必要がある。たとえば，炎が先に見え，後に爆発音が聞こえたとしても，遠くの場合，光と音の速度の違いにより，発生した順序が逆の可能性もあるということである。

2.2.5　社会的影響

これまでは，聴取対象者個人に関する要因を挙げてきたが，個人は周囲の影響を受ける。

基本的に，人は自分の失敗は言いたがらないものである。正式な事故調査となればなおさらである。組織中，あるいは事故の規模によっては新聞などで日本中に広まる上，処分されるかもしれないという不安もある。

そして，1.3 節「口述聴取法の重要性」で述べたように，複数の聴取対象者に対して同時に聴取を行った場合，そのなかで上級者が発言したことと異なることを下級者は非常に言いにくい。

また，同じ場所にいる人だけでなく，職場など周囲の人々の雰囲気などによっても影響を受ける。たとえば，周囲の人々に期待されていると感じている内容の発言をするようになる。

社会的影響については，調査員によるものもある。そもそも調査されるという経験はかなり非日常的である。そのため，調査員と会うというだけで，いったい何がこれから始まるのだろうかと構えてしまうものである。さらに，調べられる立場である聴取対象者の立場は相対的に弱いと感じられがちである。そのため，調査員がとくに威圧的な態度でなくても，プレッシャーを感じることがある。

2.3　調査員の要因

2.3.1　考えの偏り

　調査員の考えが偏っている場合，情報収集から口述内容の解釈まで影響が現れる。

　たとえば，話を聞く前から「この手の事故はよくあるんだよ。この事故はあいつがミスをしたから起こったんだ」という考えを持っていた調査員がいたとすると，機体などのことについてはあまり質問せず，操作のことについて重点的に質問するようになる。その場合，当然ながら，結果として得られる情報も偏っている。話を進めていくうちに問題点が見え，それに対して掘り下げて質問することはよく行われることであるが，始めからフィルターをかけて質問することは情報の幅を狭めることとなるので良くない。

　また，考えが偏っていると，自分の考えに合わない情報を軽視する傾向がある。上記の例でいうと，「あのとき，機体が振動していたような気がします」という話を聞いても，「わかってないな」とか「嘘だな」などと考え，その情報は無視して，自分の考える筋に合うような質問ばかり続けるようになる。さらには，口述聴取後も自分の考えに合う情報のみを抽出して分析をするようになる。

2.3.2　質問の方法

　質問の方法によって，口述内容は大きく左右される。詳細については次章において説明することとし，ここでは基本となる2種類の質問法について説明しておく。

(1) オープン質問

　オープン質問とは，聴取対象者が自由に制限なく回答できる質問のことである。

　多くの場合，「どんな」「なぜ」「〜について説明してください」などの表現が用いられる。

　たとえば，「どのような操作をしたのですか？」とか「そのとき，なぜそう思ったのですか？」という質問の場合，聴取対象者によって，短く答えるかもしれないし，長々と説明するかもしれない。また，筋道だてて詳細を述べる人もいれば，擬音語や擬態語を使って説明する人もいるだろう。

　このように，聴取対象者が自由に情報量や表現をコントロールできるのがオープン質問である。

　一連の流れがある話の場合，上記のものに加え，「AからBの所まで，もう少し詳しく話してください」といった時間の分割や，「それからどうしたんですか？」といった促しの質問も有効である。

(2) クローズ質問

　クローズ質問とは，聴取対象者に対して，比較的限られた範囲の回答を求めるものである。

　「はい」「いいえ」を問う質問をはじめ，「何色でしたか？」「何時でしたか？」「誰ですか？」など，一言で回答が終わってしまう質問がクローズ質問である。

　クローズ質問では人による回答の長さの違いはほとんどなく，調査員により聴取がコントロールされる傾向がある。

2.4 まとめ

(1) 聴取対象者の要因
- ① 記憶
  - 記銘

    気になること，印象に残ったこと，よく見たものはよく覚えている。また，心身の状態，周りの物理的環境からも影響を受ける。
  - 保持

    時間の経過に伴い，忘却が起こる。そして，出来事の解釈や与えられた情報により，記憶が変わることがある。
  - 想起

    自分の持っている知識や考えに合うように思い出す。感情が不安定だと思い出せない。また，出来事の現場に行くと思い出すことがある。
- ② 特徴

  職業や性別，知能，性格は口述聴取にあまり影響を与えない。10代の人々は，比較的正確に出来事を覚えている。
- ③ 知覚

  見聞きしたものそのままが記憶に残るのではなく，見聞きした内容を解釈したものが出来事として記憶される。
- ④ 社会的影響

  自分の周りの人を気にして，思ったとおりのことを言わないことがある。

（2）調査員の要因
　① 考えの偏り
　　　調査員の考えが偏っていると，聞きたい情報のみを聞きたがることから，情報が偏るようになる。
　② 質問の方法
　　　オープン質問は聴取対象者に自由に話させる質問で，クローズ質問は特定の内容に絞った回答を求める質問である。

《練習問題》

1. 口述の信頼性が低下していると思われる内容すべてに × をつけなさい。また，その理由について述べなさい。
   ① 「エコドライブをしよう」と思い，そのときに見たエンジン回転計についての口述
   ② 記憶とは少し違ったが，ニュースを見て新事実を知り，そうだったのかと納得した目撃者の口述
   ③ フロントガラスを通して見た遠くに見える前方を走行する車までの距離についての当事者の口述
   ④ 生死を分けるような体験をし，呆然とした若い当事者の口述
   ⑤ ちらっと見ると，火災警報灯が点いたので，目を疑ってもう一度確認したときの警報灯に関する口述
2. 忘却がなぜ起こるのか説明しなさい。
3. かつて同じ部署で働いていたパイロットに対し，口述聴取を行うこととなった。そのパイロットはひねくれた性格で，その部署でも面倒な人という扱いを受けていた。聴取することとなった調査員は，そのパイロットに対し，どのような態度で臨むべきか，またその理由も説明しなさい。
4. 航空機事故の目撃者として，休暇でたまたまその場所を訪れて散歩をしていた 50 歳の消防員と，空港の近くに住む帰宅途中の女子高生を紹介された。どちらのほうが目撃者として信頼性が高いと思うか，理由も含めて述べなさい。

> フィードバック

1. ②，③，④が×
   ① この状況では，エンジン回転計は出来事のなかで中心的役割を果たす計器であり，注目していただろうと考えられることから，信頼性が高い情報といえる。
   ② ニュースという事後情報の影響を受け，記憶が変容している可能性が考えられる。
   ③ 感覚的な距離情報は非常にあいまいになりがちで，信頼性に欠ける。
   ④ 呆然とした状態では，出来事を思い出すことに集中できないことから，信頼性が低下していることが考えられる。
   ⑤ 一瞬だけではなく，見直しており，非常に重要なポイントでもあるので，信頼性は高いと考えられる。
2. 2.2.2項(2)①参照
3. 性格は大きく口述内容に影響を与えないことから，ひねくれた人だからという先入観を持たず，他の人と同様に接するようにする。先入観を持って調査すると，調査員の質問が偏ったり，回答への解釈が偏ったりして，結果として得られる情報に偏りが起こる。
4. 女子高生のほうが信頼性は高いと考えられる。

    理由としては，空港の近くに住んでいることから，通常の状態の航空機をよく知っている可能性が高いことが挙げられる。消防員であることはとくに口述の信頼性には影響なく，また，年齢的に見れば，女子高生のほうが常識にとらわれず出来事をありのままに話す可能性が高いことも理由として挙げられる。ただし，どれだけ注目して目撃していたか，近くに住んでいたからといって本当に通常の状態の航空機について知っていたかについてはわからないので，確認する必要がある。

この問題は，目撃者に関する情報からどのようなことが考えられるかということについて検討するためのものなので，これだけの情報でも何らかの検討事項があるということを心にとどめてほしい。

第❸章
口述聴取法

―学習目標―
⇨ 口述聴取の進め方について説明できる
⇨ 口述聴取における注意点や行ってはいけないことについて説明できる

3.1 導入

調査員「なるほど，謎はすべて解けた。君は，シートベルトのサインを出さないままアプローチ（計器進入）を開始した。そうだね！」

当事者「はい」

調査員「アプローチを開始する前，君は日頃のストレスから若干いらだちを覚えていた。それが無意識のうちに操作に出ていたんだよ」

当事者「えっ，そうかもしれません。そういうこともあるかもしれませんね」

調査員「そうだろう。僕の経験からすれば，メンタルなストレスって自分も気づかないうちにフライトに出ているんだよね。昔よく知っている副操縦士から「今日はらしくないですね，何かあったんですか？」って聞かれてドキッとしたよ。自分ではとくに何か言ったわけじゃないんだけど，自然と出てるんだよね」

当事者「へえ，そうなんですか。やっぱり，いつの間にか出てるんでしょうね」

探偵気取りは論外であるが，一見，当事者は調査員の話に同意していることから，口述聴取の方法として，何の問題もないように見えるかもしれない。しかし，調査員はベテランであることが多いため，調査員の持論に対して，当事者は異なった意見をなかなか言えるものではない。調査員の持論が正しいこともありうるが，当事者の当時の経験に基づく情報ではない。

このように，うまく話を聞き出すにはある程度の技術が要求される。話しやすさはもちろん，前章において述べた記憶の特性など，口述に影響を与える要

因を考慮しなければならない。そこで本章では，どうすればできるだけ多く，かつ信頼性の高い情報を収集できるかについて述べることとする。

口述聴取法は，ある程度段階的に構造化されており，実際に事故の話について聞く前に何をするのか，事故の話のときはどういう質問をするのか，何をしてはいけないのか，聴取の終わりには何をするのかなどが決められている。

以降，口述聴取をどのように進めるかについて説明するので，事故の内容や聴取対象者の職種などに応じて質問を考えてほしい。

3.2 聴取開始時から注意すべき事項

3.2.1 口述聴取への主体的関与の促進

基本的に，口述聴取は聴取対象者から情報を得る行為であり，できるだけ聴取対象者から話してもらう必要がある。そのため，聴取対象者には主体的に口述聴取に参加してもらうようにする。

そこで，調査員は

> 「事故について詳しく知っているのは○○さんです。ですから，できるだけ○○さんのほうからお話をお願いします」

という言葉を入れるようにする。

また，多く話してもらうために，オープン質問を使うようにする。

3.2.2 感情のコントロール

一般的に，事故は衝撃的な出来事であるため，当事者はもちろん，たとえば航空事故で事故機が住宅地に墜落した場合などは，近傍の住民もショックを受けているかもしれない。

しかし，思い出すことに集中してもらうためには，リラックスしてもらう必要がある。
　そのため，聴取対象者が恐怖などにより興奮していると自覚している場合，いつでも話を自由に止めていいことを伝え，聴取対象者が自分でその興奮を抑えられるようにする。
　聴取対象者が興奮状態を自覚しておらず，早口になるなど感情的な面が見られた場合は，必要に応じてリラックスのために深呼吸を勧める。学校において，しばしば学習の開始時や合間などに教師が伸びや深呼吸を勧めることがあるが，あれと同じような行為である。その際，教師がするように，調査員が一緒に「はい，吸って」などと声をかけながら，深呼吸をしてみせてもよい。
　また，声のトーン，大きさ，速度などについても考慮する必要がある。声が低いと威圧的に，そして早口・大声であると怒っているように感じられたりする。
　そして，人間は，お互いに話を進めていくうちに相手の行動を反映するようになりがちである。たとえば，感情的に話しかけられると，聴取対象者も感情的になりがちである。そこで，これを応用し，思い出すことに集中して，リラックスして話してもらうために，調査員は落ち着いた声でゆっくりと話すようにする。
　さらに，調査員は質問の順序についても考えなくてはならない。深刻な事態に陥った状況について聞く場合，それまでは落ち着いた様子でも，質問後，聴取対象者によっては興奮したり，恐怖を思い出したりすることがある。たとえば，パイロットが操縦中にアンコントロール（操縦不能）になり，航空機が降下していく体験をした際，そのパイロットは恐怖を感じたかもしれない。そして，そのことについて思い出すことを要求すると，当時の恐怖体験を思い出し，動揺するということである。
　このように聴取対象者がストレスを感じると，思い出したり，話したりする

ことに集中できなくなる。そして，落ち着くにはしばらく時間がかかるので，そのまま聴取を継続した場合，その後の質問に影響する。

深刻な状況に陥った場面の話は，直接的な事故原因につながる情報が期待される。そのため，調査員にとっては重要な情報であり，聞きたくなるだろう。しかし，聴取対象者のストレスが高くなり，口述に影響が出れば，結局情報が得られないのは調査員なので，このような質問は後に回すようにする。

3.3 ラポール（相互信頼感）の形成

正式に組織から任命された人たちとはいえ，調査員が高圧的であったり，適当でやる気がなさそうであったりすれば，聴取対象者も人なので，あまり情報提供に努力しようとは思わないであろう。そこで，必要となるのがラポールである。

ラポールとは，調査員と聴取対象者がお互いに信頼し，尊重し合う気持ちのことで，両者が対等な協力関係にあるという考えにもとづいて生まれるものである。このラポールを形成することにより，聴取対象者を「積極的に情報提供しよう」「この調査員なら話してもよさそうだ」という気にさせることができる。

とはいうものの，初対面であるなど，話どころか見たこともない人とそのような信頼関係を築くことができるのか，また，年齢や役職に差がある場合もあるので，本当に対等と考えることなどできるのだろうかと思うかもしれない。

もちろん，調査員が，家族や苦労を共にした同僚などと同様に信頼されることや，役職や年齢も異なる聴取対象者と対等の関係にあると感じてもらうことは，理想的ではあるものの，実際には極めて困難である。しかしながら，だからといって何もしないのではなく，理想に近づけるよう調査員としてできるだけのことをするのは重要である。

そこで以下に，どのようにすればラポールを形成しやすくなるかについて説明する。

3.3.1 個人的関係化

調査員によっては，聴取対象者にとって調査員が誰であるかはどうでもよいので，「私は事故調査員です。事故の話を聞きたいので，よろしくお願いします」という程度のことだけ言えばよいと思うかもしれない。

しかし，この場合，調査員の一人と話している，つまり組織対個人という印象を与え，相手が構えてしまうようになる。そのため，自己紹介をし，調査員のメンバーではあるが，そのうちの一人が個人として個人に口述聴取を行っているという印象を与えるようにする。

また，聴取対象者を「あなた」といった代名詞で呼ばず，名前で呼ぶようにする。名前で呼ぶことにより，聴取対象者を「何人かいるうちの誰か」ではなく，その人個人として扱っている印象を与える。

また，聴取対象者が事故原因の解明とは関係ないと認識していることについて調査員が質問した場合，聴取対象者は「調査員はなぜそのようなことを聞くのだろう」と思うことがある。たとえば，機材や気象によって事故が起こったと思っている関係者は，当事者に非はないと考えるだろう。その関係者に対して，「その上司と当事者との人間関係はどうでしたか」と聞いた場合，その関係者は質問に対して疑問を抱くということである。

調査員は，たとえ実際には関係ないと思っていたとしても，先入観を持たずに全般的に聞く必要があるため，一通りのことを聞くのであるが，聴取対象者にとってみれば，その形式張った質問がお役所的であり，個人対個人ではなく，組織対個人の関係と感じられがちである。

そのため，一通り話を聞いてみようという場合は

「面倒だとは思いますが，事故調査の手続き上，一通り話を聞くことになっていますので，よろしくお願いします」

といった断りを入れ，自分も聴取対象者の気持ちを理解していることを示すようにする．

3.3.2　ていねいな態度

聴取に臨む調査員の役職がいくら高くても，情報を持っているのは聴取対象者なので，調査員は印象を良くする必要がある．また，聴取対象者をリラックスさせることは，思い出すことに集中してもらうという点において非常に重要なので，調査員は聴取対象者に対して，ていねいな態度で接することを心がける．

部外者の目撃者はいうまでもなく，聴取対象者が末端の社員であっても，役職や年齢の差を感じさせないようにする．

たとえば，聴取対象者の役職が下でも，「おまえ」などと「上から目線」で呼ばず，「○○さん」と名前で呼び，丁寧に接するようにする．

3.3.3　雑談

聴取対象者は口述聴取の際，しばしば不安や緊張，興奮を感じていることがある．この原因は，事故の経験によるものである場合と調査員によるものである場合のいずれの可能性もあるが，これらを取り除いて，思い出すことに集中してもらう必要がある．

そこで，調査員は事故とは直接関係のない雑談をして，聴取対象者が話しやすい雰囲気をつくることが重要である．その際，「犬は飼っていますか？」「最近，映画を見に行きましてね……」などと，まったく聴取対象者と関係のない

話題を唐突に始めると，聴取対象者からすれば，自分でなくてもよい話という印象を受ける。そこで，事故とは直接関係ないものの，聴取対象者には関係のある話をすることを心がける。たとえば

「最近お仕事はどういうことをしているんですか？」
「こちらでの勤務は，何年になりますか？」
「こんなふうに，よその部署の人から話を聞かれたことはありますか？」
「〇〇（調査員が所属する組織）の人と話したことはありますか？」

などのような話である。

また，調査員自身の体験などを織り交ぜると親近感が湧きやすい。たとえば

「実は，私もずいぶん昔の話ですが事故を起こしたことがありましてね，調査を受けたことがあるんですよ……」

といったものである。

この場合の注意点としては，自分のことを話すのはよいが，自分のことばかり話さないようにするということである。口述聴取は相手から情報を得るための手段なので，オープン質問を用い，できるだけ相手に話してもらうようにすることが重要である。雑談とはいえ，口述聴取の一環で行っているのであり，本格的に事故に関する質問をする前に，どのような感じで聴取が進んでいくのかに慣れてもらうステップでもある。なので，話好きな人は注意が必要である。

なお，この雑談については 5 分程度行うよう心がける。ただし，この時間は目標であって，不自然に会話を続けて怪しまれるよりは，早く本題に入ったほうがよい。

3.3.4　記録の許可の依頼

　口述聴取では，基本的に，聴取した内容を正確に記録するために録音を行う。場合によってはビデオで記録することもあるかもしれない。メモにはすべての内容が記録されるわけではないので，メモのみをもとにその後の調査を進めるのは，情報の抜けがあるかもしれず，危険である。
　そのために録音などを行うのだが，その際に

「記録を正確に残すために，録音したいのですがよろしいですか？」

と，録音などの許可を求めるようにする。事故調査を組織として行っている場合，「聴取対象者はそれに協力すべきであり，録音して当たり前」というように振る舞うと，聴取対象者は録音するというだけで緊張するのに加え，調査員によって管理されているという印象を受ける。元々は協力的だった人でも，これによって警戒し，言葉が少なくなり，本来は得られたであろう情報が得られなくなるかもしれない。
　許可を求めることによって，聴取対象者にコントロールする権利があることを印象づけることができ，リラックスしやすくなる。録音による緊張については，録音すると言われたときや，聴取を始めてしばらくの間は気にすることもあるが，そのうちに聴取対象者は慣れてきて，録音装置がない場合と同様に振る舞うようになる。
　なお，拒絶された場合は，録音などは行わない。面倒は承知の上で，メモにより努力するしかない。たとえ，拒絶された場合に録音などを強行しても，すでに相当警戒されており，十分な情報は得られない可能性が高い。そのため，極力協力を要請する。

3.3.5 調査の目的の説明

　事故調査の目的は，ここで述べるまでもなく，同種事故の再発防止である。しかしながら，当事者や関係者にもよるが，事故調査の内容次第では，自分に非があることを追及しに来たのではないかと思う人もいるかもしれない。しかも，一見すると取り調べのようでもある。
　そこで，調査員は聴取対象者に対して

> 「この口述聴取は，同種事故の再発を防止するために行われるものです。個人の責任を追及するために行われるものではありませんので，ご協力をお願いします」

と説明するようにする。これにより，多少は聴取対象者の気が楽になるはずである。
　さらに

> 「この聴取内容は，誰がどう言ったなどということが外に出ることはありませんので，ご協力をよろしくお願いします」

と付け加えるとなおよい。
　また，部外者の目撃者や，乗客など被害にあった人であれば，事故の原因究明よりも，自分の怒りや恐怖などについて話したがる人もいるかもしれない。しかし調査員としては事故原因が知りたいので，目撃者の感情に配慮しながら，「今後こういったことがないように，事故の原因究明のため，協力をお願いします」と，目的に合うように会話の流れをコントロールする。

3.3.6　進行予定の説明

　調査員は聴取対象者に対して，これからどのような内容について質問するか，先に説明しておく。

　例としては

> 「先日は事故全般について聞かせていただいたんですが，今日は管理面や組織的なことについていくつか質問がありますので，よろしくお願いします」

のように伝える。これにより，聴取対象者は質問に対して唐突な感じを受けず，混乱することなく聴取に応じることができるようになる。

3.3.7　積極的傾聴

　積極的傾聴とは，文字どおり積極的に話に耳を傾けることである。調査員は，聴取対象者の話を熱心に聞くことにより，話されている内容の理解が促進される。

　聴取対象者にとっては事故に関する体験がショックであるかもしれない。とくに当事者の場合，あまり話をしたくないものである。そのため，批判的でなく，「あなたの話を聞きたい」という姿勢を示すと，聴取対象者は尊重されていると感じ，自信を持って話すようになる。

　しかし，これだけでは，具体的に何をすれば積極的傾聴といえるのか，また単に話を聞くということと何が違うのかわからないだろう。そのため，以下に積極的傾聴の技法について紹介する。

(1) 共感
　一般的に，自分を理解してくれていないと感じている人に対しては，あまり話をしようと思わないものである。こういったことは，共に働く同僚や上司などに対しても珍しくないのに，当事者や関係者があまりよく知らない，さらに自分たちを調べに来ているのかもしれない調査員と，信頼関係の下で話し合うということは難しい。しかも，しばしばこのような調査があるならともかく，人生のなかで滅多にあることではない。
　それでもなお，調査員は事故に関する情報を当事者から得る必要がある。そのため，調査員は当事者らの感情を理解しようと努め，さらに理解しているということをその相手に伝えることが重要である。
　そこで

　　調査員「怪我をされたようですが，大丈夫ですか？」
　　当事者「すぐに復帰とはいきませんが，大丈夫です」
　　調査員「それはよかった。またすぐに戻れたらいいですね」

と気遣いを見せるようにする。
　そして，落ち込んでいたり，興奮していたりなど，感情の変化が目立つ場合は

　　「エンジンがあんなふうになるなんて大変な経験をしましたね。とても落ち込んでいるみたいですが当然の感情だと思います。私も若い頃，死ぬような経験をしたことがあります。あれは……」

と感情への理解を示しつつ，調査員自身の体験談を織り交ぜるようにすると共感が得られやすい。
　また，調査をしていると，他の人たちと言っている内容が違うときなど，聴取対象者の話す内容について，本当かと疑いたくなることがあるかもしれな

い。しかし，調査員がその口述の信憑性について疑った場合，聴取対象者からすれば，自分は信用されていないと感じる。聴取対象者がそのように感じると，その後の質問に対しても「言っても信じてもらえないみたいだし，話してもむだだな……」と思い，最低限のことしか答えないようになる。

　結果として，調査員は情報を得られなくなるので，よほどの確信でもない限り，聴取対象者の口述は真実を話しているものとして扱い，疑っているという態度を見せてはならない。

　第5章「口述内容に対する考え方」において詳しく述べるが，口述を真実として扱うということは，口述内容が真実であると断定することではない。そもそも口述内容は人により異なることは珍しくないので，それぞれの口述がすべて真実であると考えるのは現実的ではない。ここでいう「真実として扱う」を厳密に言えば，聴取対象者のいうことを「理解しようと誠実に取り組む態度を取る」ということである。

(2) 非言語的信号

　アイコンタクトを適度に行うようにする。これにより，熱心に話を聞いていることと口述聴取に取り組む姿勢を伝えることができる。しかし，じっと見ると，相手を不快にさせたり，思い出すことへの集中を妨げたりすることがあるので注意が必要である。また，目を直接見るのではなく，目の少し下を見ると，自分も相手もあまり気にならない。

　話に対するうなずきも同様の効果がある。話を聞いていることが伝わり，聴取対象者も話しやすい。うなずきに加えて，「なるほど」などと相づちを打つのもよい。

　さらに，やや体を前に乗り出すと関心を持っていることが伝わる。

　このようにして，関心を持っていることが伝われば，聴取対象者は話しやすくなり，ラポールを形成しやすい。

また，相手と同じ姿勢をとることも共感を得るのに有効である。一方はリラックスして背もたれまで体を倒して座っているのに，もう一方は「気を付け」のように座っていると，自分と相手は認識が違うと感じられがちである。そのため，調査員は，聴取対象者の姿勢に合わせるようにする。体を前に乗り出すことと相反する場合もあるが，雑談をしているときはリラックスした姿勢をとるなど，話の内容に合わせたり，相手の様子に合わせたり，状況に応じて変えるようにする。

(3) 繰り返しによる質問

　疑問に感じた言葉に対して，聴取対象者の用いた言葉をそのまま用いて質問してみることをいう。たとえば，「異音が聞こえました」と言ったことに対して「異音が聞こえたというと？」と聞くようなことがこれに当てはまる。

　また，調査員の経歴や年齢によっては，聴取対象者の言っている言葉がわからないときがあるかもしれない。そのような場合もその言葉を用いて質問をする。

　言葉の繰り返しによる質問は，話をよく聞いていることを示し，さらに内容についての確認ができる。また，表現を変えないことは記憶の変容の防止にもつながる。

(4) 要約

　聴取対象者が話した内容をまとめることによって反応することをいう。
　たとえば

　　関係者「そういえば，朝○○さんを見たとき，事務室に入ってきたときの話なんですが，フーッとため息をつきながら座ったんで，ちょっと疲れているように見えました。いま考えると，ボーッとしていたような気もしますね」

> 調査員「なるほど，○○さんは朝来たときから疲れている様子を見せていたんですね」

というようにする。

　この要約により，積極的に話を聞いていることを示すこと，そして調査員の理解している内容が適切かどうか確認することができる。この要約の際，同じ意味のつもりで表現を変えてしまうと，記憶に影響が出ることがあるので，極力同じ表現を用いるようにする。

　同様に，「彼はあまり休暇を消化していなかったんですね」という発言に対して，「あまり休みを取っていなかったのですか」というように，要約とはいわないまでも，言葉を換えて話を合わせることもあるが，この際もニュアンスが変化しないよう注意が必要である。

3.4　記憶の喚起法

3.4.1　全体的な文脈の説明

　聴取対象者から出来事について自由に話してもらう場合，深刻な事態の発生前後の場面についてだけ話すかもしれない。その場合，調査員は聴取対象者と状況に対する認識が共有できておらず，その場面に至るまでにどんなことがあったのか，聴取対象者がなぜそのようなことを言うのかわからないことがある。

　そのため，事故に直接的に関係する出来事について話してもらう前に，調査員は，それまで何をしていたのか，なぜそれをしていたのかについて聴取対象者に聞くようにする。

　たとえば，当事者の場合なら

> 「みんなでブリーフィング（打ち合わせ）をしたところから，離陸を開始するところまでを，まず説明してくれませんか？」

というように聞く。

目撃者であれば

「どういったときに飛行機を見たんですか？　まず見るまでどんなことをしていたのか教えてくれませんか？」

などと質問をする。

3.4.2　自由報告

事故に関することを聴取対象者に自由に話してもらうことである。この際，些細と思われることであっても，思い出したことは何でも話してほしいということを強調する。そして，記憶にもとづく内容を話してほしいのであって，推測で話をつくらないように伝える。

当事者に対する最初の聴取であれば

「質問に入る前にいくつかお願いがあります。まず，些細と思われることでも何でもいいので思いつく限り話してください。本当に，ふと思い出したことや，あいまいなことでも結構ですので，できるだけお願いします。それから，覚えている範囲で結構ですので，推測で無理に話をつなげないようにしてください。わからないことはわからないとおっしゃってもらって結構です。では，離陸から着陸するまでの一連の出来事について説明してください」

などと言うようにする。

聴取対象者は，調査員に対して権威を感じているかもしれない。その場合，あいまいな内容を話すことをためらうかもしれない。その結果，重要な情報かどうかは別として，聴取対象者の自信の程度に依存して情報が欠落することと

なる。そこで，「些細なことでもよいから何でも」と強調することにより，欠落の防止を試みるようにする。

ただし，何でもよいから話してほしいとはいうものの，まったく事故と関係のない話が続くようであれば，話を戻すよう穏やかに促す。

このあたりの注意事項は，同一人物への 2 度目以降の聴取でも，自由報告に限らず，聴取対象者からできるだけ多く話してもらうために，一種の決まり文句として言ったほうがよい。

なお，ここでの説明こそ短いが，実際には，この自由報告は口述聴取で得られる情報を大きくカバーするものなので，極めて重要であることを認識してほしい。

3.4.3 オープン質問とクローズ質問

先述のとおり，オープン質問は聴取対象者に自由に話してもらう質問で，クローズ質問は「はい」「いいえ」を典型例とするごく限られた範囲の回答が得られる質問である。

これらは，どちらが優れているというものではなく，それぞれに長所・短所がある（表 1 参照）。

オープン質問は，自由な回答を求めるものであるため，クローズ質問と比べて大量の情報を得ることができる。また，聴取対象者は自由に話せることから，調査員によりコントロールされているという感覚がなく，聴取対象者の口述を尊重していることを暗に意味するものであり，ラポールの形成にも有効である。しかしながら，話が横に逸れることもあれば，細部について聞きたいことを答えてくれない場合もある。

一方，クローズ質問はその反対で，聞きたいことを直接的に聞くので，話が逸れることはない。しかし，出来事の流れなど多くの情報を聞くことはできな

表1 質問の種類とその長所・短所

	長所	短所
オープン質問	・情報量が多い ・コントロールされている感覚がない	・話が逸れやすい ・聞きたいことを話してくれるとは限らない
クローズ質問	・聞きたいことを確実に聞くことができる	・情報量が少ない ・窮屈に感じる

い。そして，質問に対して短い回答をするというスタイルのため，クローズ質問が多いと，聴取対象者は窮屈に感じがちである。

　これらの長所・短所にもとづき，まずオープン質問により質問を始めて豊富な情報を集める。そこで気になったことに対して，「A～Bまでについてもっと詳しく説明してください」「それからどうしたんですか？」「～とはどういうものですか？」「なぜ～と思ったのですか？」といった質問を駆使し，徐々に質問の範囲を狭めて，最終的には直接的な内容を問うクローズ質問をする（図3）。下記はオープン質問から徐々に範囲を狭めてクローズ質問へと移り変わる例である。

　　調査員「ほう，車が後ろからぶつかるところを見たんですか。どのようにぶつかったんですか？」←オープン質問
　　目撃者「私が見たのはですね，ここから交差点が見えますよね。右のほうからスーッと赤いスポーツカーがやってきて，こう，あのバスに後ろからドッカーンとぶつかりました。この距離なので，すっごい音が鳴りました。それからスポーツカーの前のあたりが完全にへこんで，その後，左にこう回りました。それから，そばにあったビルの壁にぶつかって停止しました」

調査員「なるほど，そうなんですか。では，やってきてからぶつかるまでのところをもう少し詳しく教えてくれませんか？」←やや狭い範囲のオープン質問

目撃者「はい，まず右からスポーツカーが見えて，そんなにスピードは出ていなかったと思いますが，スーッと入ってきて，前にバスは見えてるはずなんですが，とくにスピードを落とすふうでもなく，ドカーンと行きました」

調査員「どれくらいのスピードだと思いましたか？」←クローズ質問

目撃者「30キロぐらい……だったと思います」

このようにして，スポーツカーがバスにぶつかって停止するまでの様子，より詳しいぶつかっていく様子，速度に関する質問へと，質問範囲を狭めていくようにする。

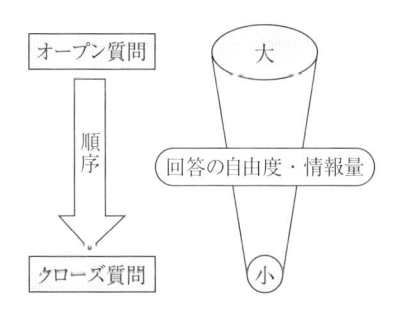

図3　質問の種類と順序，回答の自由度・情報量の関係

ただし，よほど何でも話す聴取対象者でない限り，一度のオープン〜クローズ質問で話が終わることはない。別の疑問について，再びオープン〜狭い範囲のオープンを繰り返し，時にクローズ質問を入れるということを何度も繰り返す。このようにして，ある程度話が論理的につながるようにすると，スムーズ

に話が進む。

3.4.4　イメージの活性化による状況の再現

　自由報告をして，徐々に細かい内容の質問へと移っていったとしても，思い出すことができず，十分に詳細な情報が得られない場合がある。

　そのような場合，以下のように，当時の状況を，考えていたこと，感じていたことも含めて，頭のなかでイメージとして思い出してもらうようにする。これにより，記憶の再生が促進され，思い出すことがある。

> 「まず，機内で座っているところをイメージしてください。目をつぶってもらうと思い出しやすいかもしれません。それから機体が振動を始めたそのときの情景を思い出してください。どんなものが見えたか，それからそのときどんなことを考えていたのか，頑張って思い出してください。この作業はかなり集中しないと難しいので，できるだけ集中するよう心がけてください。……いいですか？　では，そこで思い出したことを何でもいいので，思いつく限り話してください」

　この要求については，できるだけ聴取対象者が集中できるように，ゆっくり柔らかく話すようにする。

　思い出すイメージは，その多くが視覚的なものなので，例にあるように，目を閉じると比較的思い出しやすい。目を閉じるのが嫌であれば，無地の壁などを眺めたりすると比較的思い出しやすい。

　当時の状況をイメージで思い出してもらうことには，文脈効果と同様の効果があり，とくによく知っている場所などに関して効果がある。逆にあまり知らない場所については，この方法は効果がないので，現場に連れて行くほうがよい。

この「その場にいるようなイメージを思い出す」という作業には，かなりの集中力が必要とされる。そのため，調査員はできるだけ集中するよう促す。その際，聴取対象者の集中を妨げるようなこと，たとえば，机を指でコツコツと叩いたり，歩き回ったりしないようにする。

　そして，聴取対象者がイメージを思い出すまでにはしばらく時間がかかる（5〜10秒程度）ので，調査員はいきなり質問するのではなく，十分に時間を与えるようにする。質問の際にも，イメージを乱さないようソフトに話しかけることを心がける。

　これでも聞きたい細部に関する内容を話さないようであれば，疑問に思う内容について個別に質問をする。

　これは一見，変わった手法と感じられるが，学術的に検証されているというだけでなく，海外には実際に警察官の取り調べにこれを取り入れている国もあり，現場レベルで有効と認識されているものである。

3.5　イメージ的な記憶

　口述聴取にかかわる記憶のされ方として，概念的な記憶とイメージ的な記憶の2種類がある。

　たとえば，昼食に何を食べたのか聞かれた場合，「カレーとサラダを食べました」というふうに多くの人は答えるだろう。そこで，どんなカレーか問われると，「私は大食いなので，皿一杯に入れました。ご飯とカレーの比率は半々ぐらいでした。そういえば，ジャガイモのサイズが大きすぎたな」などとビジュアル面に言及した内容を聞くことができるだろう。

　このように，前者の要約された内容の記憶が概念的な記憶で，後者の様子を生き生きと描写した記憶がイメージ的な記憶である。

　人間は，概念的な記憶とイメージ的な記憶の両方を持っているが，概念的な

記憶のほうが簡単に出てくること，日常生活ではそれで十分な場合が多いことから，通常は概念的な記憶を多用する。しかし，細かいことはイメージ的な記憶からでないと引き出せない。

調査にはしばしば細かい内容が求められることから，必要に応じて，「〇〇はどんな感じでしたか？」などとイメージ的な記憶を使うよう要請する。あまりイメージ的な記憶を使っていないようであれば，直接的にイメージを思い出してもらうよう要請してもよい。

なお，これは3.4.4項「イメージの活性化による状況の再現」と似ているが，その場面を思い出し，それを手がかりとして質問の対象を思い出すというものではなく，質問の対象を直接イメージしてもらうという点で異なる。カレーの例でいうと，食堂でテーブルに着いたところをイメージしてもらうのではなく，カレーそのものを思い出してもらうのである。

3.6　イメージに関する質問

聴取対象者にイメージして思い出してもらい，質問に答えてもらうことについては理解できたと思うが，イメージすることに対する労力の点から，イメージに関して複数の質問がある場合には注意が必要となる。

たとえば，航空機の離陸時の点検についてイメージしてもらい，質問をしたとする。その後，巡航中，機体に異常が発生したときについてイメージしてもらって質問し，また戻って，「先ほどの点検の件なんですが」とさらに質問するとどうだろうか？

聞かれる側からすれば，前の場面をイメージするために再び集中しなければならない。このように，イメージする場面をコロコロ変えると，聴取対象者に労力がかかることから，同じ場面に関する質問は極力まとめて行うようにする。そして，イメージする場面を変える際には，「では，次のイメージに移り

ましょう」といったように一度区切り，違う場面についての質問をすることを聴取対象者に明確にわかるようにする。

さらに，同じ場面のイメージに関する質問でも，注意が必要となる。

たとえば，図4のように配置されている①スピードメーター，②カーナビ，③警報灯のそれぞれの状態について，この順番に質問したとしよう。何も疑問に思わないかもしれないが，位置関係はどうだろうか。スピードメーターは右で，カーナビは左，警報灯はスピードメーターのすぐ左にある。つまり，位置的に行ったり来たりしていることがわかる。イメージは集中力がいる作業で，現実のように視線をパッパッと動かすことは非常に難しい。そのため，位置的に近くなるような順に質問をする。

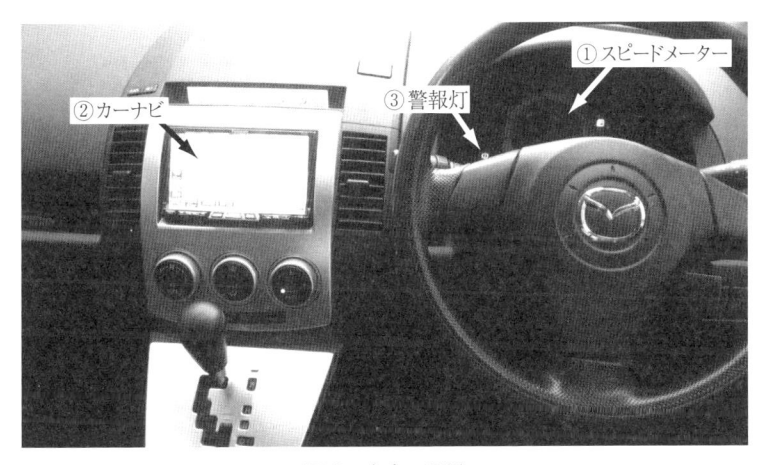

図4　車内の配置

3.7　その他の記憶喚起法

その他の記憶喚起法として，細部に関する質問，裏付けに関する質問について述べる。

まず，細部に関する質問であるが，自由報告で聴取対象者から話された内容にもとづき，徐々に細部について質問していくことについてはすでに説明した。しかし，聴取対象者が調査員の望む内容をすべて話してくれるとは限らない。大きなことは概ね話してくれるが，細部が抜けていることも多い。

その細部については，聴取対象者が情報の内容を忘れている場合もあるが，とくに話す必要もないと思った，あるいは話し忘れたということもある。そこで，調査員は聞きたい細部について，「エンジンの温度はどうでしたか？」「燃料はどうでしたか？」などと質問を列挙することにより，新たな情報を得られることがある。

また，聴取対象者は，どんな物事を見聞きしたかという「状況」についてよりも，自分が何をしていたかという「行為」について多く述べる傾向がある。そのため，状況についても話すよう求める。

これらに加えて，聴取対象者が「思った」「感じた」ことについては，「なぜそう思ったのですか？」などと根拠（裏付け）を聞くと，さらなる情報が得られたり，情報の確からしさが高まることがある。

たとえば

当事者「あのとき，○○さんは相当イライラしていたみたいで，値がおかしいとは思ったんですが何も言いませんでした」

調査員「そうなんですか。なぜイライラしていると思ったんですか？」

当事者「しばしばあるんですが，○○さんはちょっと短気なところがありまして，後輩の私に指摘されたことが気に入らなかったようで，ムスッとしていました。それにちょっと操作が荒い感じでした」

というように。例では，先輩の性格的な特徴や操作の様子についての情報が得

られたのがわかる。

3.8 その他の口述聴取の技術

3.8.1 詳細な描写の促し

聴取対象者が見聞きした内容を思い出すかどうかについては，記憶力もあるが，思い出す努力をするかどうかということも関係している。そのため，調査員は聴取対象者に努力を促すため，熱意を示すようにする。

そこで，「事故の原因を明らかにするには○○さんの話が重要なんです。ですから，可能な限り，詳しく，すべてのことを我々に話してください」といったことを熱心に話すようにする。

3.8.2 間と妨害

調査員は，どのような質問をするかだけでなく，質問のペースについても注意する必要がある。

聴取対象者が話し終えた直後に質問をすることが続くと，はじめは一生懸命答えてくれるかもしれないが，しだいに，聴取対象者からすれば，調査員が焦っている，または時間がないように見えてくる。そのため，聴取対象者は考える時間を短くしようと考えたり，手短に答えたほうがよいと思うようになる。その結果，情報量が少なくなる。

また，「どうだったかなあ……」などと聴取対象者が悩んでいるうちに，調査員が勝手に「覚えていないんだな」と解釈して，次の質問をするとどうだろうか？ 聴取対象者が思い出そうとする努力を調査員がストップしていることになる。これにより，本来なら得られたであろう情報を逃してしまうかもしれない。

これらのことから，調査員は，聴取対象者の応答が終わってから次の質問まで，数秒の間をとるようにする。たかが数秒ではあるが，実際の聴取では意外に長く感じるだろう。普段の会話で相手が話してから数秒待つということはあまりないので，やや不自然だからである。しかし，この「間をとる」という行為は，情報を獲得するという点からすれば調査員に有利に働くので，沈黙するよう努力する。

　この沈黙は思い出す時間を提供するだけでなく，「話をしないといけない」と聴取対象者に感じさせる。普段の会話でも，沈黙があると何か話したほうがよいのではないかと感じることがあると思うが，口述聴取の場においても同様の影響がある。要するに，調査員が沈黙することにより，聴取対象者は何か話したほうがよいと感じるのである。これにより，聴取対象者は自発的に情報提供する努力をしてくれるということである。

　間をとるというのは，次の質問をすぐにはしないという意味であって，まったく何も話さないということではない。適宜相づちなどすることを妨げるものではないので区別してほしい。

　なお，相づちなどのフィードバックについては，「ええ」や「そうですか」など，とくに意味のないものであれば問題ないが，「やはりそうですか」といったように肯定するなど意味のある場合，聴取対象者は調査員がそのような答えを期待しているものと受け止め，異なる口述がしにくくなる。また，「えっ，そうなんですか！」などと驚きを表すと，聴取対象者は自分が変なことを言ったかもしれないと感じることがあるので，注意が必要である。

3.8.3　聴取対象者の会話の速度

　聴取対象者は興奮状態にあると早口になりがちである。その場合，調査員は内容を理解しにくくなるため，聴取対象者にゆっくり話すよう促す。その際，

「もう一度ゆっくりと説明していただけますか？」と直接的に促してもよいが，調査員自身がゆっくり話し，その影響で聴取対象者にもゆっくり話させるという方法もある。

会話速度の減速は内容を理解するためだけでなく，メモをとりやすい，後のテープ起こしがやりやすいなどの効果もある。

3.8.4　発言の差し控えへの対処

心には浮かんでいても，それをあえて言わないということはありうる。しかし，その内容が実は調査員にとっては重要である場合もあるので，できるだけ話してもらうことが重要である。

そこで，どのような場合に聴取対象者は話を差し控えるのか認識した上で，その対処について述べる。

まず挙げられるのが，「調査員に自分が信用できない人物だと思われる」と感じたときである。

話に一貫性がない場合，通常の会話でも，何が正しいのか，何を言いたいのか疑問に思われることが多い。また，人間の記憶はあいまいなところも多く，首尾一貫した話になっていないことはよくある。

調査員は話の矛盾に気づいた場合，いったい何が正しいのか聞きたくなるものである。しかし，そこで矛盾を指摘すると，聴取対象者からすれば，自分の記憶が定かではないことを意識するようになる。そして，その後の発言では，信用できないと思われるのは嫌なので，言葉を選んだり，明確に覚えている範囲で短くまとめようと思うようになる。

とはいえ，調査員は何が正しいのか確認する必要があるので，確認は聴取の最後のほうに行い，矛盾の指摘による影響が最小限になるようにする。

また，聴取対象者は，「あんまり関係なさそうだし，適当なことを言っても

迷惑だ」「あいまいにしか覚えていなし，大した話でもないだろうから言わないようにしよう」と思う場合もある。

　しかし，このような無関係，些細と思われる情報のなかに重要なものがあったり，何人かの話を聞けば話がつながったりすることもあるので，調査員からすれば貴重である。そのため，この意味においても「わからない」「覚えていない」を受け入れることを伝えておくことが重要である。その上で，「どんなことでもよいので教えてください」と伝えると，聴取対象者も「よく覚えていないんですが，あそこで……」などと話しやすくなる。

　また，「わからない」とか「覚えていない」と言うと調査員から軽視されるかもしれないと感じ，聴取対象者が自分なりの推測をもとに話をすることもありうる。この場合，調査員からすれば，実際とは異なる情報を得ることになるかもしれない。そのためにも，調査員は聴取対象者に対して，わからないことは「わからない」「よく覚えていない」などと言ってもまったく問題ないことを説明しておく。

3.8.5　思い出せそうな内容

　日常会話でも，自分で覚えていることは認識しているが，いまは思い出せないということがあるだろう。それと同様のことが口述聴取の最中にも発生する。

　その場合，思い出す努力をしてもらう分には問題ないが，それでも思い出せないことは多い。ずっと待っていても時間だけが過ぎてしまうため，一度その内容についての質問は保留し，別の質問をする。そして，その思い出せない内容については，後で再び質問をする。

3.8.6　図や模型による表現

「百聞は一見にしかず」という言葉があるように，出来事を言葉ではうまく表現できないが，視覚的に表現するとわかりやすいということはしばしばある。擬音語や擬態語の表現，たとえば，航空機の操縦であれば，「操縦桿をグッと引いたら，急にグワンってなって」といった表現は，本人はわかりやすくしゃべっているつもりでも，聞いている側からすると「とりあえず急激な動きみたいだな」ぐらいはわかるが，機体がどういう方向に動いたかはわからない。

また，乗り物などの対象物に詳しくない人は，それらの部位の名称などがわからないので，説明するのが難しいかもしれない。

このような場合，乗り物などの模型を使って動かしてもらうと，表現しやすく，調査員も理解しやすい。図も同様で，どの部分がどうなっていたかなどを比較的わかりやすく表現できる。

3.8.7　相対的判断と絶対的判断

人間は一般的に物理的特徴について的確に指摘することが苦手である。

たとえば，「炎はどれくらいの長さでしたか？」という質問に対して，何メートルか正確に答えることはなかなかできない。しかし，「機体の大きさと比べて，どうでしたか？」などと何らかの基準を設定されれば，それと比べることは比較的正確にできる。

色も同様で，「何色でしたか」という質問に正確に答えるのは難しいので，ある基準となる色と比べてどうだったかを聞くようにする。

3.8.8 振り返り

聴取の終盤やある程度話をまとまって聞いたところで，調査員は，聴取対象者から聞いた主たる内容について，適宜自分のメモを読んだり，記憶をたどったりすることにより要約し，聴取対象者に話す。

これにより，調査員の理解している内容が適切かどうか確認することができる。また，内容の確認だけでなく，内容をもう一度思い出す機会を与えることにもなる。調査員の話を聞きながら，もう一度思い出すので，言い忘れたことがもしかすると出てくるかもしれない。

その際，誤りがあればすぐに指摘してほしいこと，そして，聴取対象者が何らかの出来事を思い出したら，すぐ調査員の話を止めて話すように伝えておく。

3.9 聴取中に注意すべき事項

3.9.1 考え方の認識

調査員の考えの偏りが質問に表れると，偏った情報しか得られない。そのため，調査員は自分には考えの偏りがあるかもしれないことを自覚しておく。

たとえば，聴取対象者が若年者の場合，「彼はどうせ知らないだろう」とか「あんまりわかってないな」などと考えるかもしれない。

しかし，聞いてみないとわからないことも多い。そのため，先入観を持っているかもしれないことを認識した上で，質問を省略することなく，「とりあえず一通り聞いてみよう」という態度を持つことが重要である。

そして，自分の考え方に対する認識だけでなく，聴取対象者についても，言語的・非言語的にかかわらず，調査員の発する印象がプレッシャーになるかもしれないことを認識する必要がある。

3.9.2　調査内容に関する質問

　調査員は何人もに対して口述聴取を行っており，また，航空機であれば事故機の状態や航跡記録など，車両であれば車体やドライブレコーダーなどについても調査を行っていることから，事故に関する情報を多く持っている。当然ながら，聴取対象者も調査員が情報を多く持っていることを知っているので，人によっては，「機体のほうはどうなんでしょうか？」などと質問してくるかもしれない。

　その場合，その内容によって聴取対象者の回答が影響を受けるかもしれないので，調査員は，「私は知りません」とか「まだ調査中です」などと返答し，事故に関する情報は伝えないようにする。

3.9.3　事後情報

　他者と話し合ったことが影響し，その内容について，あたかも自分で見聞きしたかのように聴取対象者の記憶が変わることがある。そこで，どのような内容が影響したのか認識するために，誰かと事故について話し合ったのか，話し合ったのであれば，どのような内容であったのかについて確認する。

　組織内の人であれば，事故当日に話を聞くこともできるが，部外者の目撃者であれば，事故後，数日経ってから聴取を行うこともある。その場合，テレビのニュースや新聞などにより情報を得ているかもしれないので，それらについても確認する。

3.9.4　専門用語の使用

　専門用語は，物事を説明するために便利で，普段の職場ではそれで通じ合うので，専門用語の使用に何ら注意を払わない人もいるかもしれない。

しかしながら，部外者の目撃者を中心に，まったく事故の対象物に関する知識がない人に対しては，ごく基本的な用語すら通用しないことは珍しくない。

たとえば，航空機に関して，「脚（きゃく）は出ていましたか？」と聞いたとする。聞いたほうからすれば，「脚って漢字もあるし，それがわかれば何か想像つくだろう」などと考えるかもしれない。しかし，日常場面で「脚」という言葉を単体で使うことなど一般人にはまずない。これを考えると「脚」は一般的ではなく専門用語であり，「タイヤは出ていましたか？」などと言い換える必要がある。

用語に関して最も注意を払うべき聴取対象者が子供である。子供は一般の大人よりもさらに言葉を知らないので，垂直尾翼を「後ろのまっすぐ上に出ている羽」と言うなど，より平易な表現を心がける。

口述聴取は，聴取対象者から情報を得るために行うものなので，相手のわからない言葉は当然ながら使うべきではない。もし，何度も使ってしまうと，質問の意味がわかってもらえず，的を射た返答が得られない上，聴取対象者はしだいにどう答えていいかわからなくなり，自信を失うようになる。結果として，あまり話をしてくれないようになるので，相手の知識を考慮した言葉で質問する必要がある。

3.9.5　目撃情報の確認

いつ，どこで，どんなことがあったかという情報は，当事者に関しては，一通り話を聞いたり，あるいは聞かなくても物理的な記録が残っていたりするので，あまり気にとめなくても十分そろうことが多いかもしれない。しかし，目撃者に関しては，偶然に見かけた人もおり，一通り話を聞くだけでは抜けが生じるかもしれない。

そのため，目撃者について基本的に押さえておくべき情報を以下に示す。

- 目撃対象：何を見たのか
- 目撃場所：どこで見たのか，そして，その場所は当時どのような状況（周囲の人，物理的な環境（明るさ，天気，騒音など））だったのか
- 目撃日時：いつ見たのか
- 目撃者の状態：何をしていたところか，そのときの心身の状態（疲労，飲酒，感情（恐怖，驚き）など）
- 目撃対象との位置関係：どこから，どのように見たのか
- 目撃時間：どのくらいの時間，対象を見たのか

3.10　してはいけない質問

3.10.1　誘導的質問

　誘導とは，ある方向に導くことであり，誘導的質問とは聴取対象者が自由に回答しにくく，ある方向に答える可能性が高まる質問をいう。

　前章「口述聴取法の重要性」で挙げた車の衝突に関する例のように，「ぶつかった」と「激突した」ではイメージが異なる。質問の際には表現に気をつけなければならない。

　車の例をそのまま用いると，先にどのようなものを見たか質問し，「車がぶつかった映像を見た」と答えたとする。「ぶつかった」と表現しているにもかかわらず，そこで「激突したときのスピードはどうでしたか？」と質問すると，聴取対象者のなかで出来事のイメージが激しい方向へ誘導されるので，これは誘導的質問であり，避けなければならない。そのため，「ぶつかったときのスピードはどうでしたか？」と同じ表現を用いるようにする。

　また，既知の事故に関する情報を混入させることも誘導につながる。

　たとえば

> 「先ほど△△さんはいつもより若干大きいと言っていたのですが，○○さんはあの操作についてどう思いますか？」

と質問した場合，記憶に自信がなければ，他の人の口述内容と異なったことは言いにくくなる。

さらには

> 「ああいうとき，みんな急ぎますよね。私も経験あるんですが。だから，○○さんも急いだということですね」

というような言い方をされた場合，多少違っていたとしても，ベテランである調査員に対しては，「ええ，まあ」などと答えがちになる。

このような直接的な誘導だけでなく，前の質問が後の質問に間接的に影響するような場合もある。

たとえば，「最近の整備士の傾向として，どういったことがみられますか？」という質問の後，当事者である整備士について「彼はどうしてあのような操作を行ったのでしょうか？」と聴くと，とくに範囲を限定したつもりはなくても，最近の整備士の傾向にもとづいて回答する可能性が高くなる。

なお，これらの誘導的質問については，大人はもちろんのこと，子供はより容易に影響される。そのため，子供に対してはより注意深く聴取を行う必要がある。

3.10.2　多重質問

一つの質問に複数の論点が入っている質問はしないようにする。たとえば，「朝食と夕食については毎日どうしていますか？」と聞かれた場合，聴取対象者はどちらについて答えてよいのか戸惑うことになる。

非常に難しい文法というわけではないので，聴取対象者が「朝食は〜。夕食

は〜」と分けて答えればよいと考える調査員もいるかもしれない．しかし，朝食について話しているうちに夕食のことを話すのを忘れてしまう可能性もある．また，多少違いはあっても，面倒なので，まとめて「自炊しています」などと答えるかもしれない．したがって，両方のことを聞きたい場合は，調査員側が「朝食はどうしていますか？」「夕食はどうしていますか？」と別々に質問する．

3.10.3　複雑な文法の質問

二重否定の質問は理解しにくいので避ける．たとえば，「あの状況でそのスイッチ操作をしなかったのは良くなかったのですか？」といったような質問である．

また，一文が長い質問もわかりにくい．たとえば，「ドーンと窓の外から音が聞こえたので，びっくりしてそちらのほうを振り向いて見る前，○○さんは，どんなことをしていたのですか？」という質問は，文法的に間違ってはいないが，聴取対象者は注意して聞かないと，内容を追うのが難しい．そのため，「ドーンと窓の外から音が聞こえた．そして，びっくりしてそちらのほうに振り向いたということですね．で，○○さんは，見る前はどんなことをしていたんですか？」というように，文をいくつかに分けて質問するようにする．

3.10.4　強制選択質問

「煙の色は白でしたか，黒でしたか？」といったように択一で答えさせるものを強制選択質問という．この場合，たとえ煙がよく見えなかったり，灰色でどちらとも言い難かったりしても，「どっちかというと黒でしたね」というように，質問に合う形で答えることになる．そのため，選択肢を限定する必要性がなければ，「何色でしたか？」などと，自由に答えられるようにする．

3.10.5　否定的語法

「〜についてはあまり覚えていませんよね？」のように語尾が否定になっている質問をすると，聴取対象者は，思い出せなくても調査員はあまり気にしないだろうという印象を受ける。そこで多くの場合，「はい」や「覚えていません」などと答えてしまう。

このように，否定的に言うと，思い出そうとする努力をしないようになり，結果として情報量が減少する可能性が高くなる。

3.10.6　同一内容の反復質問

同じ内容について短時間のうちに何度も質問しないようにする。同じ内容を反復して聞くことは，調査員にとっては出来事をはっきりさせたいという確認であるかもしれない。しかし，たとえば

> 調査員「レバーの操作をしたんですか？」
> 当事者「はい，しました」
> 調査員「もう一度確認しますが，レバーの操作はしたんですか？」
> 当事者「……はい」
> 調査員「わかりました。レバーの操作はしたということですね？」
> 当事者「……」

という会話があったとする。文面どおり捉えるならば，レバー操作をしたのかについて確認しているように見える。しかしながら，何度も繰り返されると，聴取対象者は「なぜ何度も同じことを聞くんだろう。何か変なことを言ったかな……」と思うようになる。

このように，同じ質問の繰り返しは，「何か口述内容を変更させるべきである」という暗黙のメッセージとなるので避けるようにする。

また，場合によっては，相手をいらだたせることもある。同じことを何度も聞くということは，調査員が自分の言ったことを信じていない，あるいは話を聞く気がないということを意味する場合もあるためである。

レバーの操作の例を再び用いると

>調査員「レバーの操作をしたんですか？」
>当事者「はい，しました」
>調査員「もう一度確認しますが，レバーの操作はしたんですか？」
>当事者「ええ，さっきも言いましたけど，操作はしましたよ」
>調査員「ああ，すいません」

といった感じである。調査員は確認したいだけかもしれないが，新たな情報を得られないばかりか，その後の聴取にも影響するということを認識すべきである。

もし本当に確認したいだけであれば，聞き逃した旨や質問の仕方がよくなかった旨をていねいに伝えて，場合によっては質問の表現をよりわかりやすく変えた上で，もう一度聞くようにする。また，疑っていると思われそうであれば，その質問は後回しにしてもよい。

3.11 聴取終了時

3.11.1 人定情報

人定情報とは，目撃者の名前や連絡先に関する情報である。当事者や関係者はすぐにわかるが，目撃者についてはどこで誰が見ていたかわからない。

目撃者に関する情報は，目撃したと申し出があったり，警察などが把握していたりして得ることができるが，すべて把握されているとは限らない。そこ

で，できるだけ情報提供者を増やすために，一緒に目撃していた人の有無，いるのであれば連絡先について質問をする。

3.11.2 肯定的な印象の醸成

調査員は，聴取対象者が調査に協力するのは当然と考えるのではなく，口述聴取の終わりには聴取対象者の協力に対して感謝の言葉を述べる。

これにより，調査員に対する最終的な印象を肯定的にする。

当事者を主として，同じ聴取対象者に対して何度か聴取を行うことは珍しいことではない。また，聴取後に聴取対象者が重要な事柄を思い出すこともある。しかし，調査員に対する印象が悪い場合は，次回以降の聴取や情報提供に対して，消極的になることが考えられる。

部外者の目撃者に対しては，別の意味でも極力肯定的な印象を残すよう努力しなければならない。その目撃者にとっては，調査員の所属する組織の人と話すのは珍しいことである。したがって，調査員の印象が組織の印象となってしまう。

そこで，部外者の目撃者に対しては，情報提供に対して協力的になってもらえるかどうかという範囲を超えて，地域の人たちとの交流という意味もあることを念頭に置いて聴取を行う。

3.11.3 思い出した内容の連絡依頼

聴取対象者，とくに当事者や関係者は，口述聴取が終了しても，ずっと事故について考えている可能性が十分ある。そのため，調査員は何か事故について思い出したことがあれば自分たちに連絡してほしい旨の内容を伝えておく。

聴取対象者側からすれば連絡は面倒である。調査員が終わり際の社交辞令のように，あまり熱意を込めずに連絡を頼めば，言われたほうも相づち程度に

「はい」と答えるだけになる。そこで，連絡を期待していることについて強調すれば，聴取対象者も連絡しようという気になるかもしれないので，「ぜひ連絡してください」と熱意を込めるようにする。

また，再び同じ聴取対象者から話を聞く場合は，始めに思い出したことがあるかどうかについて確認する。

3.12 本当でない口述

3.12.1 意図的な本当でない口述

「お前がミスしたからじゃないのか！」といった高圧的な調子で口述聴取が行われた場合，ノーとは言い難い雰囲気や，その場から離れたい気分などにより，実際は異なるとわかっていても，調査員の言うとおりであると認めることがある。

この場合，事故原因の究明から遠ざかるのはいうまでもなく，その後の聴取対象者からの協力は得られないこと，そして，その話が広まることにより，その聴取対象者の周りの人からも協力は得にくくなる。さらに，事故調査に対する信用が失墜し，以降の事故調査が行いにくくなる。こういったことからも，高圧的な調査は決して行ってはならない。

しかし，意図的な本当でない口述は，高圧的な聴取でなくても起こることがある。

記憶が定かではないが，どういった事象があったかについては認識している場合，とくに調査員が追及しなくても，当事者のほうから「よく覚えていないんですが，ああなったということは私が多分やったんだろうと思います」などと言うことがある。

このとき，その当事者の言葉は本当かもしれないし，そうではないかもしれ

ない。当事者の記憶状態によっては，このようなことがありうるので，繰り返しになるが，わからないことはわからないと言うように，あらかじめ伝えておくようにする。

3.12.2　嘘の検出

　調査員によっては，当事者は自分の失敗について話したくないものだから，嘘をつくこともあるのではないかと思う人もいるだろう。そのため，口述聴取法としてうまく嘘を見抜く方法があればぜひ教えてほしいと思うのも無理からぬことである。

　一般的にも，嘘をついているときは目が泳ぐ，挙動不審になるといったことが知られており，科学的に調べれば，より精度を上げられるのではないかと思うことだろう。

　また，警察ではポリグラフ，いわゆる嘘発見器というものが使われていることも知られている。そこでは何が行われているかというと，まず被検査者には，呼吸や精神性発汗，脈波を測定する器材が取り付けられる。その上で，「被害者の首を絞めるのに何が使われたかについて尋ねます。ストッキングが使われたかどうか知っていますか？」といった質問がなされる。そして，被検査者が返事をする際に器材の示す変化から，被検査者の認識を評価する。

　要するに，ここで言いたいことは，嘘を発見するには，これほどの器材を取り付けた上で，「はい」か「いいえ」しか答えがないような質問をする必要があるということである。ちなみにポリグラフの正確さは95％程度といわれている。

　また，被面接者の話している最中の様子から嘘を検出できるのかという研究もすでに何度か行われている。その結果によると，嘘の発見率は60％前後であることが多い。嘘かどうかについての正答率は，当てずっぽうでも50％で

あることを考えると，大した発見率ではないことがわかる。

　これらのことから，口述聴取中に嘘を発見しようと試みるべきではない。もし試みた場合，嘘かどうかわからないばかりか，聴取対象者から「調査員は自分を疑っている」と思われるようになり，聴取に協力してもらえなくなる。したがって，どんなに口述内容が疑わしいと思っても，それを態度に出してはならない。

　ところで，嘘の検出の試みはやめるべきと述べたが，その一方で，当事者が自分の失敗を隠すのではないかという懸念は理解できるものである。本書で述べているラポールの形成は，警察の取り調べにおいて，被疑者に嘘をつくのをやめさせたり，本当のことを話させるのを促進したりするものとしても知られている。そのため，聴取対象者が疑わしいと思っている人こそ，話しやすい雰囲気をつくるべきである。

3.13　子供に対する口述聴取

　部外者の目撃者として，希に子供が挙げられることがある。本書の口述聴取法は小学生以上の子供であれば有効であり，大人同様の方法で聴取を行うとよい。

　しかし，子供は大人と違い，不安定であったり，知識がなかったりするという特徴があるため，よりていねいな口述聴取が必要である。そこで，注意点を以下に述べる。

3.13.1　ラポールの形成

　子供は知らない大人といるというだけで居心地の悪さを感じる。そのため，子供を相手にするときは，大人よりもラポールの形成に努力する必要がある。そこで，子供の興味を引きそうな内容，たとえばテレビゲームやテレビ番

組，学校のことなどについて雑談をする。

　その雑談の際もオープン質問をして子供に話をさせ，その話を遮ることなく，興味を持って聞くよう心がける。このようにして，質問に対して答えるというプロセスに子供が慣れるようにする。

3.13.2　オープン質問とクローズ質問

　大人に比べて，子供は言語能力が発達していないため，細かく出来事を説明することが難しい。そのため，「見たことを何でもいいから話してくれるかな？」としばらくオープン質問した後は，「どのあたりから見たの？」など，直接的にクローズ質問を多用するよう心がける。

　そして，「間」については，子供がしばらく黙ってしまっても10秒程度は待つようにする。

3.13.3　調査員の権威

　子供は，「見知らぬ専門家っぽい大人」である調査員に対して，ほぼ確実に権威を感じる。

　そして，子供は大人に質問された際，何か返事しなくてはいけないと考える傾向が強い。日頃から親に質問をされたとき，「忘れた」とか「わからない」と答えることが期待されていないことを知っているからである。したがって，権威あるように見える調査員に対してその傾向が見られたとしてもまったくおかしくない。

　その場合，子供は知らないことでも無理に返事をし，調査員は誤った情報を得ることとなる。

　そのため，子供に対しては，わからないことはわからないと言ってもよいということ，さらに言えば「わからない」と言うことが重要であることを大人よ

りも強調して伝えておく。

3.13.4 してはいけない質問

また，全般的に子供は誘導されやすいので，大人に対してよりも誘導になっていないか注意深くなければならない。親など他の人と何を話したかも確認する。

繰り返しの質問も大人よりも影響力が強く，同じ質問をされると容易に「調査員から期待されていた答えと違うんだ」と感じて，答えを変えてしまう。このことから，同じ質問をするにしても，理由をていねいに説明した上で聞くなど，大人に対してよりも注意深く聴取を行う必要がある。

3.13.5 非言語的な援助

子供はうまく言葉で表現できないことが多いので，記憶にある出来事を表現するために，模型を用いることが有効である。

これにより，どのような動きが見られたのか，またどの部位に異変が見られたのかを指し示すことができる。

また，様子を表現するには，絵を描かせることも有効である。子供が有効な口述をしないとすれば，それは記憶力ではなく言語的な表現力によるものが大きい。そこで，絵を描くことにより，より自由な表現ができるようになる。描いた絵を見ることが手がかりとなってさらに思い出すという効果も期待できる。

3.13.6 聴取終了時

大人と基本的には同じで，聴取への協力に感謝したり，他に見た人はいないか人定情報を確認したりする。しかし，大人とは異なり，子供は目撃者といえども，取り調べのような行為を受けて，自分は今後どうなるか，何かしなければならないのか不安に感じるかもしれない。そのため，子供が求める質問についてていねいに答えるようにする。

3.14 まとめ

(1) ラポールの形成

組織対個人ではなく，個人対個人の関係を築いた上で，ていねいな態度で聴取対象者と接するようにする。その上で，雑談をすることにより，緊張をほぐし，話しやすい雰囲気をつくる。

また，録音の許可を求めた上で，調査の目的やこれから聞く内容の説明をしてから本題に入るようにする。

口述聴取の最中は，聴取対象者の話に耳を傾け，また相づちや，繰り返しによる質問を行うことによって話を聞いている姿勢を示すようにする。

(2) 記憶の喚起法

自由報告により，一連の出来事について何でも話してもらう。その上で，徐々に質問の範囲を狭めることにより，大筋から細かい情報まで入手する。

それでも思い出せない内容については，目をつぶってもらい，質問したい出来事が発生した際の状況をイメージしてもらう。

その他の記憶の喚起法としては，なぜそう思ったのかという裏付けに関する質問をしたり，細部が抜けていた内容に関してクローズ質問を列挙することがあげられる。

(3) してはいけない質問

　誘導的な質問や文法的にわかりにくい質問，同じ質問の短時間での繰り返しは避けるようにする。

(4) 聴取終了時

　聴取対象者に対して，良い印象を残すように，感謝の意を示すとともに，思い出したことがあれば連絡してくれるよう伝える。

表2 口述聴取法の主な注意すべき事項一覧

聴取開始時	・自己紹介 ・録音の許可の依頼 ・雑談 ・調査目的の説明 ・進行予定の説明 ・主体的関与の促進 ・わからないことの伝達	**全般を通じた注意すべき事項** **継続的に注意すべき事項** ・名前による呼称 ・感情のコントロール ・ていねいな態度 ・積極的傾聴 ・間の挿入
聴取中	・全体的な文脈の説明 ・自由報告 ・オープン質問とクローズ質問の繰り返し ・イメージの活性化による状況の再現 ・イメージ的な記憶の再生 ・細部についての質問の列挙 ・根拠についての質問 ・詳細な描写の促し ・図や模型による表現 ・事後情報の確認 ・振り返り	・考えの偏りの認識 ・専門用語の使用 ・話を疑わない態度 **してはいけない質問** ・誘導的な質問 ・多重質問 ・複雑な文法の質問 ・否定的な語法 ・同一内容の反復質問
聴取終了時	・人定情報 ・肯定的な印象の醸成 ・思い出した内容の連絡依頼	

＊左列は概ね時系列になっているが，とくに聴取中については，必要に応じて取捨選択，順序の変更，繰り返しを行う。

＊このページをコピーして，参照しながら口述聴取を行うことも有効である（とくに左列）。最初は各項目に対して，例文などを貼り付けたシートを作成し，読みながら練習するとよい。何度か練習すると慣れてくるので，書かれた項目だけを見て，何を話すのか認識できるようになるまで練習しておくことが望ましい。

《練習問題》

1. 命の危機にあった状況など，思い出すと動揺や興奮しそうな出来事についての質問をする場合，どのような注意すべき事項があるか述べなさい。
2. ラポールの形成のために行う行為を3つ述べなさい。
3. 次にあげる内容についてオープン質問をするための質問文をつくりなさい。
    ① ある特定の緊急時の手順について
    ② 朝，当事者と会ったときの様子について
    ③ ブリーフィング（打ち合わせ）の内容について
4. オープン質問とクローズ質問をどのように組み合わせて口述聴取を進めていくか説明しなさい。
5. 目撃者が校庭で休憩中，事故機を見ていたことがわかった。そこで，イメージによる状況の再現を試みることにした。その際，目撃者に何をイメージしてもらうのか述べなさい。
6. 聴取対象者が回答してすぐに調査員が質問をすると，聴取対象者にどのような影響があるので注意が必要なのか述べなさい。

> フィードバック

1. 動揺や興奮すると，すぐには落ち着くことができず，後の質問で思い出すことに集中できないことが考えられる。そのため，動揺しそうな質問については，口述聴取の最後のほうに回すようにする。
2. 「自己紹介をする」「雑談をする」「録音の許可を求める」「共感する」など，3.3 節「ラポールの形成」に含まれる内容
3. 質問例
   ① 「○○の緊急時の手順はどのようにするんですか？」「○○の手順について説明してください」など
   ② 「朝，○○さんと会ったときの様子はどうでしたか？」など
   ③ 「ブリーフィングはどんな内容でしたか？」「ブリーフィングの内容について説明してください」など
4. 最初はオープン質問によって自由に話してもらい，多くの情報を得る。そのなかで聞きたいことについて徐々に範囲を狭め，できるだけオープン質問を繰り返す。そして，細かい内容の質問になった時点でクローズ質問をする。

   細かい内容が認識できたら，別の内容に話を変え，再びオープン質問からクローズ質問へ範囲を狭めて質問するということを繰り返す。
5. 校庭にいるところをイメージした上で，事故機の様子を思い出してもらう。
6. すぐに質問をすると，調査員が急いでいる印象を受けるので手短にしたほうがいいと思うようになる。また，思い出している最中に質問してしまうかもしれず，その場合，妨害することになるので，情報が得られなくなる。

第❹章
口述聴取の管理

---**学習目標**---

⇨ 口述聴取のために準備すべきことについて説明できる
⇨ 口述聴取を行う場を設定するために必要な注意すべき事項について説明できる

4.1　導入

調査員「ブリーフィング（打ち合わせ）ではどんな話がありましたか？」

当事者「ブリーフィングですか？　機長からは……(中略)……という話がありました。それからディスパッチャー（運航管理者）から」

電話　　プルルルルル……プルルルルル……

調査員「はい，○○です。……はい……はい……それ，後でいいですか，いま口述聴取してるんですが……はい，じゃあ終わったら後でそちらに連絡します……失礼します」

調査員「ええと，どこまで話しましたっけ」

当事者「ディスパッチャーの話について言うところでした」

　このような場合，あなたが調査員だったらどう思うだろうか。電話の用件がよほど重要なものでなければ，イライラするのではないだろうか。調査員はまだいいが，聴取対象者は話そうとしていたことを忘れてしまうかもしれない。また，何か思い出そうとしていたときであれば，かなり集中力を削がれることになる。

　前章では，どのように質問をしていけばよいか，話を聞き出せるかについて述べた。しかし，うまく質問ができていても，場のセッティングができていないと，トラブルが発生することがある。そこで，本章では，口述聴取を効率的に行うための管理について述べる。

4.2 聴取前の準備

(1) 録音装置

　ICレコーダーなどの録音装置である。口述聴取内容を記録するために最も多用される器材である。可能であれば音質向上のためにマイクも用意する。録音している最中に止まってしまうことがないように，新しい電池を使う，予備の電池を用意しておくなどの工夫をしておく。

　基本的には，口述聴取内容を正確に記録するために録音する。これにより，メモをとることに集中する必要がなくなり，話を聞くほうに重点を置くことができるという利点もある。

(2) ビデオ

　人によっては，擬音語，擬態語を多用し，身振り手振りで事故の状況を説明する。その場合は，音声だけ聞くと何を言っているのか理解できない。とくに，子供にはその傾向が見られる。

　また，どういう操作をしたのか動きで説明してもらうこともある。その場合も，録音装置では記録されないので，ビデオで映像を記録する。

(3) メモ

　基本的に，口述内容は録音により記録されているが，調査員は口述された内容に対して，質問をしなければならない。そこで，内容を簡単に要約した上で，疑問に感じるポイントもメモしておく。また，この要約した内容は，口述内容を聴取対象者に確認するためにも用いる。

(4) 模型

　航空事故調査であれば，航空機の姿勢や軌跡，航空機の部位の説明をしやすくするために，航空機の模型を用意する。当然ながら，その模型は事故機の機種と同じものが望ましい。同様の理由で，他業種でも船舶，車両などの模型は役立つだろう。

(5) 紙と筆記具

　言葉で表現しにくいものについて，聴取対象者に絵や図で説明してもらう際に主に用いる。もし，紙でなく，黒板などを使用する場合は，持ち帰ることができないので，カメラなどで記録するとよい。

(6) コンパス（方位磁石），コンパス付き単眼鏡，地図か地形の写真

　目撃者から聴取する場合，目撃現場からどの角度で見たのか確認するために用いる。

4.3　速やかな分離

　記憶に影響するものとして，事後情報がある。つまり，当事者同士やその周囲の人々と話し合ったことが，いつの間にか自分が経験したことのように，記憶が変わってしまうということである。

　それを防止するために，口述聴取実施まで，可能な限り速やかに各聴取対象者を別々の部屋に待機させる。

　待機の間，聴取対象者に出来事の概要などを記録してもらっておくと，思い出すために役立つ。

4.4　聴取の時期

　出来事の忘却は出来事発生の直後から始まるので，可能な限り早い時期に行うべきである。しかしながら，聴取対象者が動揺，不安などにより，聴取に集中できないようであれば，落ち着くまで延期したほうがよい。

　また，「何時間以内や何日以内に行わないと，忘却して信頼性が低くなるため，やっても意味がない」ということはない。事故後，数日経ったとしても，十分かはともかく情報は得られるので，必要であれば聴取を行うべきである。

　ただし，忘却の速度の点からいえば，出来事の発生直後は速いので，事故発生後，聴取対象者をすぐに呼ぶことが可能で，比較的落ち着いている状態ならば，準備でき次第，聴取を行うほうがよい。2時間以上経っているようであれば，すでに忘却の速度は弱まっており，一刻を争うような性質のものではないので，落ち着いて準備してから聴取を行うほうがよい。

　また，経験的に誰でもわかっているように，よく知っている情報，たとえば日常的な業務内容の手順などについてはすぐに忘れることはないので，この種の情報について聴取したい場合は，事故発生後，数日経ったとしても影響はない。

　このように，人間の記憶の特性により，忘れやすい内容と忘れにくい内容があり，それによって聴取すべき時期は異なる。そのため，内容に応じて聴取時期を決めることが求められる。

　内容の失われやすさに加え，内容の重要性によって，聴取対象者の優先度が決まる。

　その重要性であるが，事故の情報であるからといって，必ずしも管理者が重要な情報を持っているわけではない。聴取対象者の役職や年齢と重要性は関係がない。

　基本的には，事故のリアルタイムの情報は，忘れられやすく，かつ重要であ

るため，可能な範囲で当事者，目撃者，リアルタイムにかかわった関係者（航空でいえば管制官のような，第三者的人物）を優先させる。

リアルタイムでない情報，つまり人間関係，管理などの背景的な内容についてのみ聞く聴取対象者は優先度を下げ，後に回すようにする。

もし事故機のパイロットなど，優先度の高い当事者が治療などにより聴取できない場合は，次に優先度が高い人を先に聴取する。

基本的に，どの時期に誰に聞くべきかということは，何を知りたいのかによって変わる。そのため，調査員は聴取前に何を知りたいのかを決めておく必要がある。

当事者には複数回の聴取を行うかもしれないが，当事者だから最優先で毎回朝いちばんに聴取を行うというのではなく，前述のように，人間関係など，とくに急いで聞く必要のないものもある。このように，内容に応じ，同一人物でも後回しにすることも検討する。

4.5　聴取対象者の状態

たとえば事故機の搭乗者などについては，怪我をして治療が優先される場合，錯乱状態にある場合などが考えられるので，医師に聴取可能であるかどうか確認する。

聴取対象者の心身の状態に問題が見られる場合，聴取によって聴取対象者の状態が悪化するかもしれないこと，調査員にとっても十分な聴取ができないことから，その聴取対象者からの聴取は後で行うようにする，聴取時間を短く分割するなど，状態に合わせた配慮を行う。

部外者の目撃者の心身状態については，見たとき何をしていたのかなどについて聞き，差し支えない範囲で，疲れていた，飲酒していたなどを確認する。

4.6　調査員の人数

　ラポールの形成の点からいえば1名がよい。しかし，1名の場合，リスト化したことは聞けたとしても，新しく出てきた事実に対して多面的に見ることは難しく，抜けが生じることもある。これに対して，複数で口述聴取を行うと，1名が質問しているときに別の人がメモをとり，また気づかなかった質問を補完できるというメリットがある。そのため，非常に目撃者の数が多くて調査員が足りないなど，特別な理由がなければ複数で行うほうがよい。

　ただし，複数といっても10人以上といった多人数で取り囲むと，調査員の情報共有の面では便利かもしれないが，聴取対象者からすると，昇進などの面接試験で面接官が10人以上いるようなもので，相当プレッシャーがかかるため，極力3人程度までに抑える。

　それぞれの調査員は，同頻度で質問するのではなく，口述聴取の流れを統制できるよう，主に質問する人を1名決める。その他の調査員は，主に質問をする調査員が一通り話を聞き終えた後で質問を行う。

4.7　複数回の口述聴取

　口述聴取の回数に制限はなく，必要に応じて行う。とくに当事者については，調査が進む過程で新たな事実が判明するなどにより，新たな疑問が浮かぶため，一度の聴取で終わることはなかなかない。調査員の疑問がなくなるまで聴取を行うようにする。

　ただし，子供が目撃者の場合は，記憶が変容しやすいことから，多くても2回までにする。

4.8 聴取する調査員の選出

　基本的には，聞きたい内容に適した調査員を当てるようにする。

　多くの場合，聴取対象者（とくに当事者）はそれぞれの職種の専門職であるので，その業務内容をよく理解している同職種の調査員が適当である。

　部外者の目撃者に対しては，たとえば航空機がどのような軌跡で飛行していたか知りたいのであればパイロットである調査員が適当であるし，機体の状態について知りたいのであれば整備士である調査員が適当であろう。

　ラポールの形成という観点からすると，調査員の人となりにかかわらず，役職や年齢が自分よりもずっと上の人と話す際，緊張する人は多い。そのため，とくに聴取対象者が同じ組織内の者である場合は，役職や年齢の差があまり大きくならないように調査員を選出する。

　また，同じ聴取対象者に対して複数回の聴取を行う場合は，調査員が変わるとラポールの形成に再び時間がかかるので，聞く内容にもよるが，問題がなければ同じ調査員が主に聴取を行うようにする。

　同じ組織内の聴取対象者の場合，調査員と知り合いである場合がある。知り合いであってもていねいな態度で接することはいうまでもないが，仲が悪かったなど，過去の関係からラポールを形成しにくいと思われる場合は，別の調査員を当てるようにする。

　聴取対象者への影響を考慮すると，すべての聴取対象者に対して同じ調査員が聴取を行うのは適当ではない。もちろん，調査員の人数は限られているので，一人の調査員が複数の聴取対象者から話を聞くことは仕方がない。しかし，何人もの話を聞いていると，同じ内容であれば深くうなずいたり，異なればいぶかしげな表情が出るかもしれない。その場合，聴取対象者の回答を誘導してしまう可能性がある。そのため，一人の調査員が担当する聴取対象者の数は可能な範囲で少なくする。

4.9 聴取対象者の人数

　基本的に聴取対象者は一度の口述聴取につき1名のみにする。複数同時に行うと，他の人（先輩，上司など）が言った内容と違うことを言いにくくなる場合がある。また，自分の記憶している内容と違うことを先に言われることにより，自分の記憶に対する自信がなくなったり，他の人の記憶がいつの間にか刷り込まれ，記憶の変容が起こったりすることがある。

　これらのことから，航空機のクルーのように，同じ場所にいた人々でも，別々に聴取を行うようにする。

　しかし

　　「○○が見えたから，こっちに動いたんだ」
　　「そういえば，それで△△さんがそっちに行ったんで，そのとき私は××したんですよ」

といったように，同じ場にいた者同士で話し合うことにより，記憶の再生が促進されることがある。そのため，不明確で気になることがある場合は，複数の聴取対象者を一度に聴取してもよい。ただし，前述の短所があるので，個別に聴取した後に行うようにする。

4.10 聴取場所

　組織内の聴取対象者の口述聴取場所については，まず静かな場所を選択する。航空分野でいうと，滑走路の近くは航空機が離陸する際の音などでうるさいため，滑走路から離れた場所にする。さらに，音のような物理的環境だけでなく，社会的環境も考慮する。たとえば，聴取内容によっては同じ職場の人に聞かれるのは嫌な場合があるかもしれない。そのような場合，職場の建物のな

かで聴取を行うと，聴取対象者は話が外に聞こえるかもしれないと心配になる。そのため，聴取の場所は，聴取対象者の上司や同僚が立ち入ることのない場所にする。

部外者である目撃者から聴取を行う場所は，相手の職場の会議室などがよい。レストランや屋外は，雑音などの物理的環境をコントロールできないので，できるだけ避けるようにする。目撃者を呼び出して，調査員の組織の会議室など，静かな場所で聴取を行うこともできるが，目撃者によっては警察の取り調べのように感じて緊張するかもしれない。そのため，呼び出す場合は，気になるかどうかを前もって相手に確認する必要がある。

また，目撃場所で聴取を行うことは，文脈効果があるため，出来事を思い出すことについては有効である。そして，目撃場所と航空機などとの位置関係を特定する場合にも有効である。ただし，屋外では環境をコントロールしにくいので，一通り部屋で聴取を行った後に現場へ行くのが望ましい。

4.11　口述聴取の部屋

聴取対象者が出来事を思い出すことに集中できることを第一に部屋を選択する。静かであることはいうまでもなく，電話は鳴らないようにしておく。ノックもしないようにする。放送が鳴ることもあるので，可能であれば切っておく。うるさい環境では，思い出すことに集中できないだけでなく，録音した音声が後で聞きにくいという問題もある。

また，思い出すべき出来事は視覚的なイメージであることが多い。したがって，絵やポスターなどは思い出すのに障害となる。そのため，可能であれば片づけて，目につかないようにする。

イスについては，リラックスするために，可能であればソファなどゆったりしたもののほうがよい。また，暑さ，寒さが気にならないように，室温が調節

できる部屋を使用する。

　一般的には，適当な部屋として，会議室や談話室などが当てはまることが多い。大会議室のような数十人用の広い部屋は広すぎて聴取対象者にとって居心地が良くないこともあるので，極端に広い部屋は避ける。

4.12　聴取対象者に会うまでの情報収集

　聴取対象者に会う前に，事故現場や事故機などがどのような状態であるか見ておくことは，聴取対象者に聞くべき情報を認識したり，聴取対象者の話を理解したりするのに役立つ。そのため，聴取する調査員は，事前に事故現場を訪れるようにする。

　また，聴取対象者がどのような人か，ある程度認識しておくことは重要である。たとえば，被害にあった目撃者に対して，遠距離で事故を目撃した目撃者に対してと同様ににこやかに接すると，相当印象を悪くするだろう。そのため，わかる範囲で聴取対象者に関する情報を確認しておく。

4.13　服装

　組織内の聴取対象者に対してはとくに気にすることはないが，組織外の目撃者に対しては注意が必要である。

　基本的には，目撃者が調査員の服装に対して，どう感じるかということなので，絶対にこの服装でなければならないというものはない。

　しかし，被害者が出た場合は，人によってはその組織の人に会いたくないかもしれない。被害者やその関係者にとって，制服など，その組織に特有の服装は気分を害することも考えられる。そのため，このようなことが想定される場合はスーツを着るようにする。

4.14　座る位置

調査員と聴取対象者の座る位置については，聴取対象者がリラックスできる位置や距離であることが求められる。

一般的に，対面に座る場合は対決的であり，緊張を生み出すので，図5の「良い例」のように直角に座るのが効果的といわれている。視線などが気になるようであれば，聴取対象者の横に並ぶような感じでもよい。また，身をやや乗り出すと熱心に聞きたいということが伝わる。

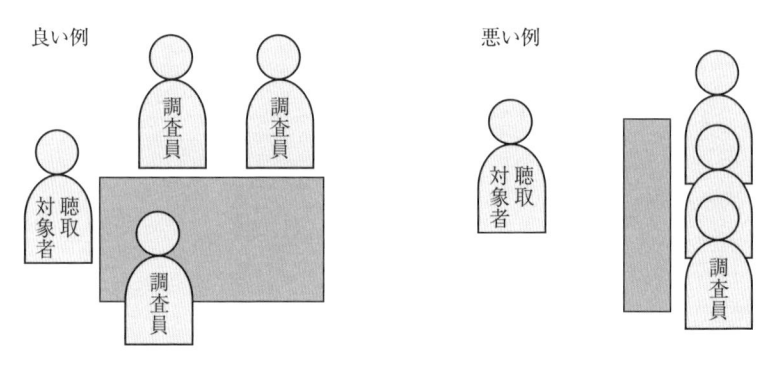

図5　座る位置の例

4.15　対人距離

人と人との距離を対人距離といい，関係性に応じて適切な距離というものがある。口述聴取ではお互いに話し合うことが求められるので，それに合った対人距離で行う必要がある。

口述聴取のようなフォーマルな場では1.2〜3.6mが適切な距離といわれている。それ以下の距離になると，個人的に親しい間柄ならばよいが，そうでない人がこの距離内に入ると，近寄られた人はストレスを感じるようになる。逆

に 3.6 m 以上離れると，一緒に会話するという距離ではなく，遠くで話している人がいるという認識になり，話し合うには遠すぎると感じるようになる。

4.16　質問内容のリスト化

　どういった方向性の内容を聴取するかが概ね決まっている場合は，聞きたいことについて聴取の前に調査員同士で話し合い，リスト化しておく。

　聴取することによって新たな事実が発覚し，聞きたいことが聴取している最中に出てくることもあるので，すべての質問を前もって用意することはできない。しかし，最初に行う一通りの決まり切った質問や，2 回目以降の聴取では，機体などの点検や別の聴取対象者などから得られた新たな事実によって沸き出てきた質問など，聞くべき内容が決まったものについてはリスト化しておき，主に聴取する調査員がそれをもとに聴取を行うようにする。とくに，2 回目以降の聴取に際しては，それぞれの聴取対象者から聞いた内容をその都度まとめておくと，聞きたい内容を整理するのに便利である。

　リスト化により，聞くべき内容を聞き忘れることを防止でき，さらに順序を検討することによって，よりスムーズな流れで聴取ができるようになる。

　なお，このリストについては，質問の順序を前もって検討しておくものの，必ずその順番で聞かなければならないというものではない。話のなかで思いついた質問は，話の流れに合わせて織りまぜ，区切りの良いところまで聞き，その後，リストの別の質問に移るなど，融通を利かせるようにする。

4.17　聴取時間

　聴取対象者の心身の疲労を考慮すると，最長でも 2 時間程度にする。子供であれば 1 時間までにする。通常であれば協力的にいろいろと説明してくれる聴

取対象者であっても，疲労やストレスがたまると，適当に話を切り上げたいと思うようになる。結果として，情報量が減るので，双方にとって利益がない。切りの良いところで休憩を入れるのも有効である。

　聴取を行うことにより，多くの場合，調査員はいくつか疑問が思い浮かぶものである。しかし，各調査員がそれぞれの頭のなかに留めておいた疑問について，休憩後の聴取でそれぞれのタイミングで質問をすると，時間的な順序がバラバラになるなどして，スムーズな聴取がしにくいかもしれない。そこで，休憩の際に調査員同士でそれらの疑問点について話し合った上で，質問やその順序を検討し，質問をリスト化すると，その後の聴取を効率的に進めることができる。また，疑問を話し合うことにより，さらなる疑問点が出てきたり，論点が整理できたりするので，休憩時間を有効に使うよう心がける。

4.18　多くの目撃者

　イベントの開催中などに事故が起こった場合は，多くの目撃者が想定される。できるだけ多くの情報を得るために，多くの目撃者から口述聴取を行うのが理想的であるが，何百人もいる場合は，全員に聞いているとキリがない。その場合は，目撃場所やどの場面を見たか（墜落，衝突時，異常発生時など）についての情報を得て，目撃者を選択して数を減らす。その前提として，効率的に目撃者を選択できるようにするには，目撃者の連絡先と見た場面などについてメモを残してもらうことなどにより，簡単な情報を知っておく必要がある。

　目撃者が多いと，調査員は同じような内容を何度も聞くこととなり，うんざりするかもしれない。しかし，目撃者各人にとっては唯一の口述の機会である。そのため，似たような話だと思って手続きを短縮させるなどせず，すべての目撃者に対して同様のていねいな態度で口述聴取を行うようにする。

4.19 第三者の参加

聴取対象者および調査員以外の第三者（上司など）の口述聴取への同席は，聴取対象者に緊張を与えるので控えるようにする。

子供の場合，親や先生がついていたほうがよいのではないかと考えるかもしれないが，子供は親や先生に影響されやすい。つまり，期待されているような回答をする傾向にある。また，親や先生によっては，口述聴取に介入してくることも考えられるため，親や先生の同席は控えてもらうようにする。

4.20 電話での口述聴取

電話で口述聴取できれば，直接会う手間を省略できる。しかし，一般的に，電話のほうが対面よりも形式ばってしまうので，ラポールを形成しにくい。そのため，電話での聴取は対面の代わりになるものではない。さらに，不可能ではないが録音がしにくいという問題もある。

そこで，もし聴取対象者が遠距離にいるなどの都合によって電話で聴取を行わざるをえない場合でも，少なくともすでに聴取をしたことがある聴取対象者で，容易に思い出せる内容やちょっとした確認程度の内容に限定する。

4.21 テープ起こし

口述聴取が終わったら，逐語起こし，つまり一言一句を文字にする作業を行う。これをテープ起こしという。

メモは断片的であり，そこから出来事を整理すると，その人の知識や解釈に影響されやすいため，録音された内容から出来事を整理したい。しかし，録音データの音を再生しながら作業するのは非常に困難である。そのため，テープ起こしを行う。テープ起こしは面倒な作業ではあるが，正確な記録を元に情報

を整理するには有効で，とくに特定の発言内容の有無を確認するときなど非常に便利である。なお，雑談など，事故とは関係のない部分については省略してもよい。

　文字化する際は，「表現が細かすぎるから，適当にまとめよう」などと独自の判断でまとめると，作業者の主観が入り，ニュアンスなどが変わることがあるため，忠実に音声をそのまま文字化する。

　では，目撃者が10人，20人いる場合はどうだろうか？　ただでさえ面倒な作業である上に，人数が多いので，作業量は膨大になる。しかも同じ出来事を見たわけであるから，似たような内容となりがちである。

　このような場合，全員分テープ起こしをすると，テープ起こしに時間をとられ，本来の目的である出来事の整理が滞るため，一通り録音内容を聞いた上で，比較的詳細な内容が述べられていたり，重要な内容が含まれていたりする口述を選択して，数人分だけを起こす。

　テープ起こしが終わったら，ダブルチェックのために，他の人が起こした内容を確認する。

　ちなみに，当該事故の調査とは関係ないが，テープ起こしをした内容は，オープン質問を使えているか，誘導していないかなど，自分の口述聴取のでき具合を反省するためにも使うことができる。完璧な口述聴取を行うのはなかなか難しいので，その技量向上のために，内容を確認し，問題点を認識した上で，改善を心がけてほしい。

4.22 まとめ

以下に事故調査の流れとそれに関する主な着眼点を図示する。

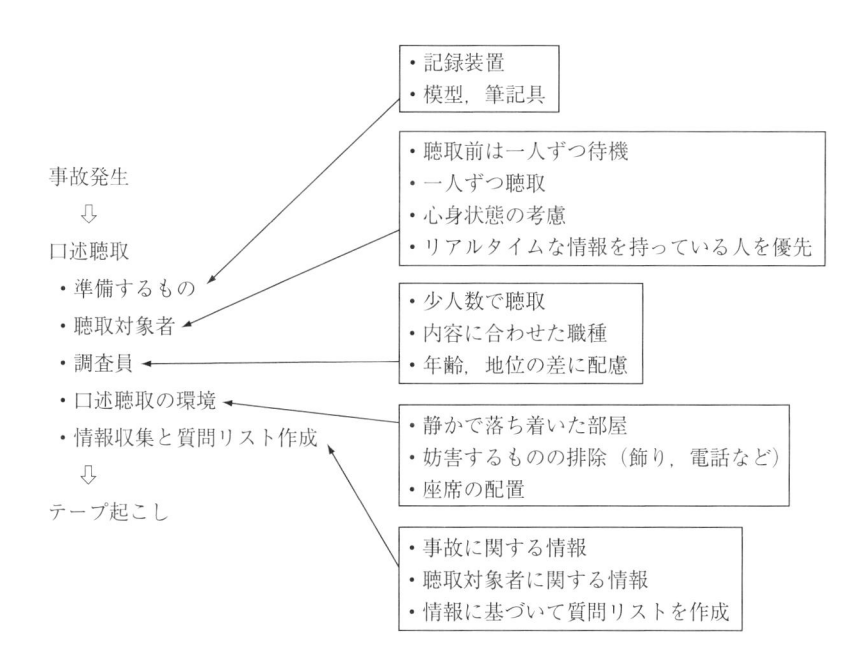

```
事故発生
  ⇩
口述聴取
 ・準備するもの ────────→ ・記録装置
                        ・模型，筆記具
 ・聴取対象者 ──────────→ ・聴取前は一人ずつ待機
                        ・一人ずつ聴取
                        ・心身状態の考慮
                        ・リアルタイムな情報を持っている人を優先
 ・調査員 ────────────→ ・少人数で聴取
                        ・内容に合わせた職種
                        ・年齢，地位の差に配慮
 ・口述聴取の環境 ────────→ ・静かで落ち着いた部屋
                        ・妨害するものの排除（飾り，電話など）
                        ・座席の配置
 ・情報収集と質問リスト作成 ──→ ・事故に関する情報
  ⇩                     ・聴取対象者に関する情報
テープ起こし              ・情報に基づいて質問リストを作成
```

《練習問題》

1. 聴取対象者の優先順位は，記憶の観点からいえば，何を基準に決めるのか，またその理由についても説明しなさい。
2. 当事者2名が事故現場から戻ってきて，「とりあえず職場に戻って上司に一連の出来事を報告したい」と言い出した。どうすべきか理由も含めて説明しなさい。
3. 主に質問する調査員をどのように決めるのか説明しなさい。
4. 聴取する部屋の室内環境をどうすべきか，視覚と聴覚の2つの観点から述べなさい。

> フィードバック

1. リアルタイムな情報を持っている人を優先させる。リアルタイムな情報は出来事の発生直後の忘却が激しいので，それによる影響を小さくするために，当事者，目撃者を優先させる。ただし，部外者の目撃者については，口述聴取の調整が難しい場合がある。
2. 報告に行き，他者と話し合うことにより記憶が変容してしまうことが考えられるので，その当事者たちが報告する前に引き留め，別々に待機させておく。このことはまた，報告にかかる時間を省略できることから，聴取時期を早めることにもつながる。
3. 同じ職種の調査員など，聴取対象者の話がよく理解できる調査員を選出する。ラポールの観点からは，役職や年齢の比較的近い調査員がよい。また，これまでの聴取対象者とのかかわり（聴取の回数，人間関係など）も考慮する。
4. 視覚：視覚的なイメージをする際の邪魔にならないように，絵やポスターなど気になりそうなものを片づけるようにする。
  聴覚：思い出したり話したりする際の邪魔にならないように，静かな環境にする。そのため，騒音が入る部屋を避け，電話や放送を切っておくなどする。

第❺章
口述内容に対する考え方

---学習目標---
⇨ 口述内容についての考え方を説明できる

5.1 導入

調査員A 「ドライバーと助手席の言っていることが違うな。まあ，ドライバーは随分ベテランだから彼のほうが正しいんだろうね」

調査員B 「そうとも限らんでしょう。そもそもタコグラフ（速度，エンジン回転数などを記録する装置）からすれば，助手席のほうが合っているじゃないですか」

調査員A 「しかし，ドライバーのほうはきっぱり言っていたぞ。実は彼とは昔一緒に勤務したことがあるが，すごく真面目で信用できるやつだったぞ。腕も確かだったし，嘘を言うとも思えない」

　口述聴取をどのように行うかについてこれまで説明してきた。しかし，その聞いた内容はどうするのだろうか？　さまざまなデータを見て，何も矛盾がなければいいが，上記の例のように，食い違うこともある。それらはどう扱えばよいのだろうか？　本章では，口述内容をどのように扱うべきか，基本的な考え方について説明する。

5.2 事故調査における口述聴取内容の位置づけ

　聴取対象者が一人の場合，調査員はその聴取対象者の話した内容に対して，「なるほど，そうなのか」と納得するかもしれない。しかし，別の聴取対象者が相反することを言ったらどうだろうか？　少なくともどちらかが真実と違うことになる。

　そのとき，もう一人から話が聞けるとすれば，調査員たちはその結果で多いほうを採用しようと考えるかもしれない。しかし，どちらとも違う内容を聞いて，さらに混乱するかもしれない。

ここで言いたいのは，人間は適当な生き物であるということではなく，各聴取対象者の口述内容は，それぞれが事故調査のためのデータの一つであるということである．さらに言えば，それは「真実を表す」データとは限らず，単に聴取対象者から得られた，音声によるデータというだけである．

　航空事故調査の分析では，どのような事象が発生したか解明するために，Aさんの口述，Bさんの口述，FDRの記録，レーダー航跡など，いくつかのデータを参照し，それぞれの特徴（サンプリングやパラメータ，誤差，記録を保持できる時間など）を理解した上で，最も合理的に事象の説明ができるものを採用する．

　そのため，「Aさんが嘘をついている！」といった個別の議論はあまり意味がない．Aさんが嘘をついたのか勘違いしていたのかにかかわらず，Aさんの口述というデータが他のいくつかのデータと異なり，他のデータのほうがうまく事象を説明できるならば，他のデータを採用するというだけである．一般的には，人間はビデオやカメラのように正確かつ詳細に記録（記憶）する能力がないので，口述よりも機材による記録データのほうが信頼性が高い（機材の故障については確認の必要がある）．このように，事故調査では口述聴取の内容を，事象を説明するデータの一つとして扱い，いくつかの種類のデータを総合的に解釈するよう注意しなければならない．

　ただし，一人の口述以外にまったく事故に関するデータがない場合は，その確からしさを疑って，事象を説明する何らか別のストーリーを考えたとしても，それは根拠のない想像上の話でしかない．非科学的でないならば，口述は正しいものと捉えざるをえないことになる．

5.3 確信度

聴取対象者がはっきり「機体から煙は出ていませんでした！」と回答した場合と，ややあいまいに「多分，煙は出ていなかったと思うんですけど……」と言った場合，調査員の印象はどうだろうか？

多くの調査員は，はっきり言われたほうが「そうなのか！」と思うことであろう。しかしながら，研究によれば，回答の確信度と事実の確かさは関係がないことがわかっている。しかも，同じ人でも1回目の聴取と2回目で確信度が変わることもある。したがって，「あの目撃者のほうがはっきり言っていた」，あるいは「彼の言葉は自信がなさそうだった」という理由で回答の確からしさについて軽重をつけてはいけない。

口調よりも，「いつもより飛んでいるところが低かったので気になってよく見ていました」という追加情報があったほうが，機体に注意が向いていたことが推察され，上の例でいうと「煙」に関する情報の確からしさは向上する。

このように，聴取対象者間で口述内容の確からしさを評価する場合は，聴取対象者に自信がありそうかによるのではなく，記憶の特性を踏まえた別の情報があるかどうかによって判断するべきである。

5.4 まとめ

口述内容は，忘却，記憶の変容などによって，他のデータと異なることは珍しいことではない。そのため，ある当事者が言っているから正しい，あるいは嘘だという議論は意味がない。調査員は，口述内容を機械の記録などと同じく，出来事を説明する材料の一つと認識し，それらを総合的に見て，出来事を説明しなければならない。

そして，その材料の確からしさを表すものとして，聴取対象者の口述内容に

対する確信度は参考にならないので，はっきりと口述したので正しいといった解釈はしないようにする。

《練習問題》

1. ある事象の説明について，当事者 A と当事者 B の話が食い違う場合は，少なくともどちらかが誤っていることを意味している。誤っていると判断した当事者の口述全体の信憑性をどのように考えるか述べなさい。
2. 1 度目の口述聴取では，ある質問に対して，「多分，見たような気がします」とあいまいな返答を得た。しかし，2 度目の聴取では，同じ質問に対して，はっきり「思い出しました。見ました！」との返答を得た。
　この確信度の変化と情報の確かさの関係について述べなさい。

> フィードバック

1. 誤っている当事者が意図的に嘘を言っている確証がある，または心身の状態から正常でないと思われるなどがなければ，一部をもってその他の口述に信憑性があるかどうかは述べられない。

    基本的に誰でも，忘却などの記憶の特性により，出来事を正確には覚えられない。よく覚えていることもあれば，忘れたこともあり，誤ったことを言うこともある。そのため，個別の事象についての口述がどうだから，その聴取対象者はどうだということは言えない。むしろ，他のデータを参照しながら，出来事をうまく説明できる材料となるかという観点で，個々の発言を見ていくべきである。
2. 基本的には，確信度が変化したからといって，情報の確かさとは関係がないので，はっきり言ったということを根拠に「やはり見たのか」などと判断すべきではない。ただし，はっきり言ったことの背景として，何らかのきっかけがあったなど，筋の通った根拠があれば，情報の確からしさが変化することは考えられる。

資料：口述聴取の流れ

　各項でしばしば口述例を挙げており，概ね理解されると思うが，全体的な流れはつかめないかもしれない。そのため，一連の口述聴取がどのように行われるのか，一例を以下に示す。この例は，死亡は伴わないものの，機体が損傷した航空事故に対する口述聴取で，調査員2名が，当事者である事故機機長から初めて話を聞くという設定である。場所や部屋のセッティングなど，管理面に関わる事項は問題ないものとする。

　また，聴取のなかで，口述聴取法の観点からポイントとなるところを会話の後に括弧で表記した。その際，良い点については「○」を，良くない点については「×」をつけ，解説を付した。

調査員A　「ご協力ありがとうございます。どうぞ座ってください」←○（ていねいな態度）

当事者　　「失礼します」

調査員A　「私は，事故調査を担当しておりますAです。よろしくお願いします。そして，こちらはBです」←○（個人的関係化）

調査員B　「よろしくお願いします。Bです」←○（個人的関係化）

当事者　　「よろしくお願いします」

調査員A　「体の調子とか大丈夫ですか？」

当事者　　「突然の出来事でびっくりはしましたが，怪我とかはなかったので大丈夫です」

調査員A　「それは良かったですね。無事で何よりです」←○（共感）

当事者　　「ありがとうございます」

調査員A　「ところでですね，記録を正確に残すために，録音したいのですが，よろしいですか？」←○（記録の許可を要請）

当事者　　「はい」

調査員A　「では，最初に所属と氏名をお願いします」

当事者　　「運航本部〇〇部のXです」

調査員A　「ありがとうございます。Xさん，ちょっと緊張されてますか？」

当事者　　「ええ，少し，はあ……」

調査員A　「そりゃあそうですよね，こういったことはそうそうないでしょうから。じゃあ，少し深呼吸してみましょうか？」←○（共感，感情のコントロール）

当事者　　「は，はい」

（当事者，何度か深呼吸）

調査員A　「少し落ち着きましたか？」

当事者　　「はい」

調査員A　「まあ，取り調べみたいですが取り調べじゃないので，リラックスして話してください」

当事者　　「ありがとうございます」

調査員A　「こういった，その，面接みたいなもの受けたことありますか？」

当事者　　「ええと，昇任の面接以来です」

調査員A　「どんな話をしたんですか？」←○（雑談）

（中略）

調査員A 「そろそろ本題に入りましょうか？ いま話をしていただいていますが，今回のこの調査は，事故の再発防止のために行うものであって，個人の責任追及のために行うものではありません。誰がどう言ったとかが報告書に載るとか，外に出るとかいうことはありません。それから，当たり前の話ではありますが，事故のことをよく知っているのはXさんです。Xさんは，この事故の当事者でとても重要ですので，できるだけXさんのほうが話すようにしてください。どんな些細なことでもいいのでお願いします。ただし，その際，わからないことはわからないと言ってもらって結構ですので，推測で話をしないようにはしてください」←○（調査の目的の説明，主体的関与の促進，発言の差し控えへの対処，詳細な描写の促し）

当事者 「わかりました」

調査員A 「ではですね，ブリーフィング（打ち合わせ）から離陸までの一連の流れをずっと話してくれませんか？」←○（全体的な文脈の説明）

当事者 「え，そこからですか？」

調査員A 「はい，すいません。一応手続き上，一通り聞くということになってますので，大変ですがよろしくお願いします」←○（個人的関係化）

当事者 「ええと，まず他のメンバーとディスパッチャー（運航管理者）とでブリーフィングをしました。気象のブリーフィングにつきましては，その日は経路上，とくに天候的には問題ないことを確認しました。で，飛行計画をもらって，飛行ルートとか燃料の話とかしまして，出航を決定しました。それから離陸予定時刻を確認しまして……」

調査員A 「何時でしたか？」←×（妨害）

当事者 「ええと，10時25分でした」

調査員A 「あ,すいません。続けてください」
当事者 「はい。で,それから,飛行機に乗り込みました。その後,機外点検をしまして,とくに異状がないことを確認した後,整備状況についても確認しました。それから,CAとのブリーフィングでは……」

(中略)

調査員A 「なるほど,そうですか。わかりました。それでは,離陸するところから,着陸して降りたところまでについて,先ほども言いましたが,どんな些細なことでも結構ですので,一通りお話しください」
←○(自由報告)
当事者 「はい。テイクオフ(離陸)のクリアランス(許可)をもらいまして,離陸滑走して通常どおり離陸しました。それから……」

(中略)

当事者 「……で,機体がやっと止まりましたので,チェックリストの手順をしまして,副操縦士のYと飛行機を降りました。当たり前ですけど,レスキューがいっぱい来ていました。それから,レスキューの人から,お客様が全員無事であった話を聞き,ホッとしたのを覚えています。ただ,何人か,けが人は出ていたそうです。それから,とくに自分では体に違和感があったわけではありませんが,身体検査もありますので,救急車に乗っていきました。これが今回のフライトの一部始終ですが,これぐらいでいいですか?」
調査員A 「わかりました。とりあえず,これまでのところを確認のため,まとめますと,えーと,まず,通常どおりに離陸し,39,000フィートまで上昇したと。それから……」←○(振り返り)

（中略）

調査員A 「……ということですね」

当事者 「はい。あってると思います」

調査員A 「ありがとうございます。空港のビルに入ってから会社とは何か話がありましたか？」←○（事後情報の確認）

当事者 「ありました。が，先ほどちょっと言いましたが，救急車に乗せられ，身体検査を受けた後になります。カンパニー（会社）にいま話したようなことの要約を話しまして，まあよく戻ってきたと言われました。その後，副操縦士のYとエンジンが停止したときの話をしました」

調査員A 「エンジンが止まったときの話ですか？ で，そこで何かおっしゃってましたか？」←○（繰り返しの質問，範囲を狭めてオープン質問）

当事者 「はい。燃料系統の故障じゃないかという話をしていました。あの時点で燃料がなくなるというのも変なので」

調査員A 「それでXさんは，それに対してどう思いましたか？」

当事者 「私もそうじゃないかなと思いました。昔そういった事象があったというのは聞いたことがあるので」

調査員A 「そうなんですか。具体的にはどんな事象ですか？」

当事者 「10年ぐらい前だったと思うんですが，アメリカの……（中略）……」

調査員A 「なるほどですね，わかりました。……それではさきほどいろいろでの事故について話してもらったんですが，もう少しじっくりお話を伺いたいので，教えてください。まず先ほど高度を39,000フィートまで上昇させ，その後クルージング（巡航飛行）に入ったとおっしゃってたところありましたよね。そこまでの話をもう少し詳しく教えてください」←○（時間の分割をしたオープン質問）

当事者　「離陸のところからですよね。まず，通常どおり離陸しまして……」

（中略）

当事者　「……で，クルージングに入りました。そのあたりまではとくに普通だったと思うんですけど……まったく普通で違和感はありませんでした」

調査員A　「そうですか，とくになければ結構ですよ。それでは，クルージングに入ってから，エンジンが止まるところまでを，もっと詳しく説明してくれませんか？」←〇（次の時間の分割をしたオープン質問）

当事者　「はい。巡航高度に移ってから大体10分後ぐらいでしたか，私がYと世間話をちょっとしていたとき，警報音が鳴り，左エンジンの燃料圧力が低下していることに気づきました。そのときは，こんなところで燃料が切れるわけもありませんでしたので，計器が故障しているのかと思いました。とはいうものの確認する必要はありますので，燃料計を見ましたが，十分あるのは確認しました。そのため，燃料ポンプの故障じゃないかと考えました。それでチェックリストに従って，ポンプのスイッチを一度切ってみました……」

（中略）

当事者　「……というわけです」

調査員A　「なるほど。ではお聞きしたいのですが，左エンジンの燃料圧力が低下したことに気づいたっておっしゃいましたよね」

当事者　「はい」

調査員A　「そのときの対応はどうしたのか詳しく教えてください」←〇（範囲を狭めてオープン質問）

当事者 「ええと，そのときは私もおかしいとは思いましたので，いま一度，燃料計を確認しました。しかし，やはり燃料は十分あることを表示していました」

調査員A 「燃料は十分あったと。ではその他に何かありましたか？」←○（促しのオープン質問）

当事者 「ええと，どうだったかなあ。それから燃料ポンプのスイッチを切って，再度入れてみました。リアクションはなかったのですが，ポンプについては，元々タンクはエンジンより上にあって，ポンプは動かなくても燃料は移送されることはわかっていました。ですから，ポンプについては，あきらめました。ただ，……警報装置はまだ鳴っていたので，何が何だかわかりませんでした……」

調査員A 「燃料圧力以外で何か表示に変わったところはありませんでしたか？」

当事者 「ええと……」

調査官A 「なかなか思い出せないようですね。それじゃあですね，できるだけ思い出してもらえるようにしますので，よく聞いてください。まず，機内にいるところをイメージしてください。結構努力が必要ですので意識を集中してください。目をつぶるとやりやすいです。どうですか？」←○（イメージの活性化による状況の再現）

当事者 （目をつぶりながら）「……はい，OKです」

調査員A 「じゃあ，警報音が鳴って，燃料ポンプのスイッチを切ったところをイメージして思い出してください」

当事者 （しばらくして）「……はい」

調査員A 「では，そこで何が見えるか，できるだけ話をしてください。わからなかったらわからなかったで結構ですので，何でも話してください」←○（発言の差し控えへの対処）

当事者 「ええと，まずディスプレイで燃料計を再確認したのですが，燃料は十分あることは確認しました。エンジンの回転につきましても，そのときは問題ありませんでした……それから……」

（中略）

調査員A 「……になっていたと。なるほど。では，音はどうでしたか？」←○（細部個別の質問）

当事者 「警報音がずっと鳴り響いていました。エンジン音については記憶はありません」

調査員A 「Yさんが何を言っていたかとかは，やっぱり覚えてませんよね？」←×（否定的語法）

当事者 「ええまあ，よく覚えていません」

（以降，エンジン停止後から着陸までの話や，その他疑問点を質問）

当事者 「……だったと思います」

調査員A 「そうですか，わかりました。私からは以上です。B君，他に何かある？」

調査員B 「はい，私からいくつか質問がありますので，よろしくお願いします。まず，離陸前の点検について聞きたいのですが……」

（中略）

調査員B 「わかりました。私からの質問は以上です」

調査員A「そうですか。では，以上で終わりたいと思います。この度は御協力いただきましてありがとうございました。多分この後，いくつか疑問点が出てくると思いますので，そのときはまたよろしくお願いします。それから，もし何か思い出したことがありましたら，本当に何でも結構ですので，ぜひ連絡をお願いします。ありがとうございました」←○（肯定的な印象，思い出した内容の連絡）

参考文献

[1] Air Force Pamphlet 91-211, USAF Guide to Aviation Safety Investigation, 2001.

[2] Jenins, J.G. & Dallenback, K.M., 1924, Oblivescence during sleep and waking. American Journal of Psychology, 35, 609–612.

[3] 原聰編訳：取調べの心理学，北大路書房，2003；Milne, R., Bull, R.H.：Investigative Interviewing: Psychology and Practice, John Wiley & Sons, 1999.

[4] 平伸二ほか著：ウソ発見，北大路書房，2000．

[5] 法と心理学会・目撃ガイドライン作成委員会編：目撃供述・識別手続に関するガイドライン，現代人文社，2005．

[6] 厳島行雄ほか著：目撃証言の心理学，北大路書房，2003．

[7] 垣本由紀子，航空における情報取得とパイロットエラー，国際交通安全学会誌，26(2)，38–47，2001．

[8] Mellan, D., Ruffing, M., Zeng, V.：Improving the Quality of Accident Investigation, National Transportation Safety Board Office of Marine Safety, 2009.

[9] 宮田洋監訳，高村茂ほか訳：認知面接，関西学院大学出版会，2012；Fisher, R.P., Geiselman, R.E.：Memory-Enhancing Technique for Investigative Interviewing: the cognitive interview, Charles C. Thomas Publisher, LTD., 1992.

[10] OPNAVINST 5102.1D, Navy & Marine Corps Mishap and Safety Investigation, Reporting, And Recording Keeping Manual, 2005.

[11] 重野純編：キーワードコレクション 心理学，新曜社，1994．

[12] Strauch, B.：Investigating Human Error: Incidents, Accidents, and Complex Systems, Ashgate Publishing Limited, 2002.

[13] 鈴木淳子：調査的面接の技法，ナカニシヤ出版，2002．

[14] 渡辺昭一編：捜査心理ファイル，東京法令出版，2005．

[15] 渡辺昭一編：捜査心理学，北大路書房，2004．

[16] 渡部保夫監修，一瀬敬一郎ほか編著：目撃証言の研究，北大路書房，2001．

[17] Wood, R.H., Sweginnis, R.W. : Aircraft Accident Investigation, Endeavor Books, 1995.
[18] 浮田潤,賀集寛共編:言語と記憶,培風館,1997.

索　引

【アルファベット】
FDR　*3, 8*

【あ】
アイコンタクト　*45*

【い】
イメージ的な記憶　*53*
イメージの活性化による状況の再現　*52*

【う】
嘘の検出　*72*
裏付けに関する質問　*55*

【お】
オープン質問　*27, 49–51, 74*
思い出した内容の連絡　*70*
思い出せそうな内容　*60*

【か】
会話の速度　*58*
確信度　*104*
紙　*84*
考え方の認識　*62*
考えの偏り　*26, 62*
環境的な状態　*16*

関係者　*13*
観察時間　*15*
感情状態　*21*
感情のコントロール　*35*
関与　*15*

【き】
記憶　*13*
記憶の変容　*18*
期待　*15*
記銘　*14*
共感　*44*
強制選択質問　*67*
記録の許可　*41*

【く】
繰り返しによる質問　*46*
クローズ質問　*27, 49, 74*

【け】
経験　*15*

【こ】
肯定的な印象　*70*
個人的関係化　*38*
子供　*73*

コンパス　*84*
コンパス付き単眼鏡　*84*

【さ】
細部に関する質問　*55*
雑談　*39*

【し】
事後情報　*19, 63, 84*
質問の方法　*26*
社会的影響　*25*
自由報告　*48*
主体的関与の促進　*35*
詳細な描写の促し　*57*
情報の種類　*16*
職業　*22*
進行予定の説明　*43*
人定情報　*69*

【す】
図　*61*
推論　*20*
スクリプト　*20*
ストレス水準　*14*
座る位置　*92*

【せ】
性格　*24*
性別　*23*
積極的傾聴　*43*
絶対的判断　*61*

全体的な文脈の説明　*47*
先入観　*20*
専門用語　*63*

【そ】
想起　*14, 20*
相対的判断　*61*

【た】
第三者の参加　*95*
対人距離　*92*
態度　*24*
多重質問　*66*

【ち】
知覚　*24*
地形の写真　*84*
地図　*84*
知能　*24*
注意　*14*
調査員の権威　*74*
調査内容に関する質問　*63*
調査の目的の説明　*42*
聴取時間　*93*
聴取対象者自身の状態　*17*
聴取の時期　*85*
聴取場所　*89*

【て】
ていねいな態度　*39*
テープ起こし　*95*

電話　*95*

【と】
同一内容の反復質問　*68*
当事者　*13*

【に】
人数　*87, 89*

【ね】
年齢　*22*

【は】
発言の差し控え　*59*

【ひ】
非言語的信号　*45*
筆記具　*84*
否定的語法　*68*
ビデオ　*83*

【ふ】
複雑な文法の質問　*67*
服装　*91*
振り返り　*62*
文脈効果　*21, 52*

【へ】
部屋　*90*

【ほ】
妨害　*57*
忘却　*17*
保持　*14, 17*
本当でない口述　*71*

【ま】
間　*57*

【め】
メモ　*83*

【も】
目撃者　*13*
目撃情報　*64*
模型　*61, 84*

【ゆ】
誘導的質問　*65*

【よ】
要約　*46*

【ら】
ラポール　*37, 73*

【ろ】
録音装置　*83*

<著者略歴>

仲村 彰（なかむら あきら）

1996年	関西学院大学文学部心理学科卒業
1998年	関西学院大学大学院文学研究科博士課程前期課程修了
	防衛技官（研究職）として航空自衛隊入隊
	航空安全管理隊へ配属され，現在に至る

航空事故調査の実務回数多数
米空軍の International Flight Safety Officer Course,
Aircraft Mishap Investigation & Prevention Course 修了

専門分野　ヒューマン・ファクターズ，産業・組織心理学，
　　　　　インストラクショナル・デザイン
学会活動　日本人間工学会，産業・組織心理学会，安全工学会，
　　　　　医療の質・安全学会会員

ISBN978-4-303-72979-0
事故調査のための口述聴取法

2015年 9月10日　初版発行　　　　　　　　　　Ⓒ A. NAKAMURA 2015

著　者　仲村　彰　　　　　　　　　　　　　　　　　　検印省略
発行者　岡田節大
発行所　海文堂出版株式会社
　　　　本　社　東京都文京区水道2-5-4（〒112-0005）
　　　　　　　　電話　03（3815）3291（代）　FAX 03（3815）3953
　　　　　　　　http://www.kaibundo.jp/
　　　　支　社　神戸市中央区元町通3-5-10（〒650-0022）
日本書籍出版協会会員・工学書協会会員・自然科学書協会会員

PRINTED IN JAPAN　　　　　　　　印刷　田口整版／製本　誠製本
JCOPY <（社）出版者著作権管理機構　委託出版物>
本書の無断複写は著作権法上での例外を除き禁じられています。複写される場合は，そのつど事前に，（社）出版者著作権管理機構（電話03-3513-6969，FAX 03-3513-6979，e-mail: info@jcopy.or.jp）の許諾を得てください。

図書案内

ヒューマンエラー［完訳版］
ジェームズ・リーズン 著
十亀 洋 訳
A5・384頁・定価(本体3,600円+税)
日本図書館協会選定図書

安全マネジメントの分野に絶大な影響を与えてきたリーズンの「HUMAN ERROR」、待望の完訳版。ヒューマンエラーを分類し、その発生メカニズムを理論付け、検出と予防を論じる。そしてケーススタディを通じて「潜在性のエラー」こそ、最優先で取り組むべき課題であることを明らかにする。スイスチーズ・モデルの原点がここにある。

社会技術システムの安全分析
—FRAMガイドブック—
エリック・ホルナゲル 著
小松原明哲 監訳
A5・184頁・定価(本体2,800円+税)

現代社会を支える交通輸送、生産、情報通信など、人と技術の組み合わせで構成される「社会技術システム」は大規模・複雑化する一方であり、ほんの小さな齟齬が大きな事故につながってしまう。「FRAM」は、そのような事態を回避し、安全を構築するための分析・評価ツールである。

現場安全の技術
—ノンテクニカルスキル・ガイドブック—
R. フィリン／P. オコンナー／M. クリチトゥン 著
小松原明哲／十亀 洋／中西美和 訳
A5・432頁・定価(本体3,900円+税)

運輸、建設、医療、サービス、プラント制御などの現場スタッフが、ヒューマンエラーを避け、安全を確保していくために持つべき状況認識、コミュニケーション、リーダーシップ、疲労管理などからなる「ノンテクニカルスキル」について、安全管理の実務の立場から詳述。

ヒューマンエラーを理解する
—実務者のためのフィールドガイド—
シドニー・デッカー 著
小松原明哲／十亀 洋 監訳
A5・302頁・定価(本体3,300円+税)

事故の最後の引き金を引いた人を処罰しても問題は解決できない。複雑で動的なシステムにおける安全の実現には、「ヒューマンエラーは結果である」という理解のもとでの対策が不可欠。本書はそのためのガイドブック。テクニックではない「安全戦略」を求める実務者への示唆に富む。

命を支える現場力
—安全・安心のために実務者ができること—
異業種交流安全研究会 著
四六・184頁・定価(本体1,500円+税)

JR西日本・福知山線脱線事故をきっかけに始まった、鉄道、航空、電力、医療などに携わる実務者と研究者、約100名からなる研究会の成果をまとめた。明日から現場でどうすればよいのかがわかる本。ヒューマンエラーの実例を豊富に取り上げ、具体的な対策を提示。

現場実務者の安全マネジメント
—命を支える現場力2—
異業種交流安全研究会 著
四六・212頁・定価(本体1,500円+税)

「現場の実務者は、不断の努力によって事故を防ぎ、より安全で安心できる社会づくりに取り組む義務と責任がある」。これまでの安全管理の弱点や形骸化に対して、また信頼性の高い組織づくりを目指す安全マネジメントに対して、どのように向き合い、関わっていったらよいかを考える。

表示価格は2015年8月現在のものです。
目次などの詳しい内容は http://www.kaibundo.jp/ でご覧いただけます。